高等职业教育工业机器人技术专业系列教材

工业机器人
系统装调与诊断

主 编 吕世霞

参 编 朱青松 李 显 王学雷

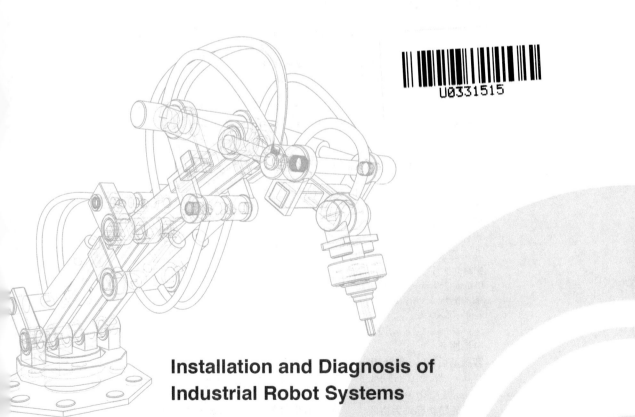

**Installation and Diagnosis of
Industrial Robot Systems**

机械工业出版社
CHINA MACHINE PRESS

本书为高等职业教育工业机器人技术专业书证融通教材。本书由长期从事工业机器人技术教学的一线教师依据其在教学、科研等方面的经验，总结近年来校企合作的教学改革与实践成果，参照工业机器人技术专业标准编写而成。

本书围绕工业机器人系统典型工作站的安装调试、操作编程及运行维护等方面实践操作过程所需的知识技能点，以工作过程为导向，采用项目统领、任务驱动的形式编写而成。全书共分为 6 个项目，含 23 个学习任务，包括工业机器人技术概述、搬运机器人系统的装调与故障诊断、码垛机器人系统的装调与故障诊断、打磨机器人系统的装调与故障诊断、喷釉机器人系统的装调与故障诊断、输送线机器人系统的装调与故障诊断。将工业机器人的新技术、新工艺、新规范融入学习过程，以培养学生的学习能力和职业能力为目标，引导学生具备不断探索的科学创新精神，同时将"执着专注、精益求精、一丝不苟、追求卓越"的工匠精神融入项目学习中。本书采用"纸质教材+数字课程"的形式，配套视频、动画、虚拟仿真等数字化资源。

本书可作为高等职业院校机电类专业的教材，也可作为工业机器人"1+X"职业技能等级考核参考学习资料，还可作为从事工业机器人操作、编程、设计和维修等工作的工程技术人员的参考资料。

本书配有电子课件，凡使用本书作为教材的教师可登录机械工业出版社教育服务网 www.cmpedu.com 注册后下载。咨询电话：010-88379375。

图书在版编目（CIP）数据

工业机器人系统装调与诊断/吕世霞主编. —北京：机械工业出版社，2023.7（2024.3 重印）
高等职业教育工业机器人技术专业系列教材
ISBN 978-7-111-73264-8

Ⅰ.①工… Ⅱ.①吕… Ⅲ.①工业机器人-安装-高等职业教育-教材②工业机器人-调试方法-高等职业教育-教材③工业机器人-维修-高等职业教育-教材 Ⅳ.①TP242.2

中国国家版本馆 CIP 数据核字（2023）第 097339 号

机械工业出版社（北京市百万庄大街 22 号　邮政编码 100037）
策划编辑：薛　礼　　　　　责任编辑：薛　礼　戴　琳
责任校对：张亚楠　李　婷　　封面设计：张　静
责任印制：张　博
北京建宏印刷有限公司印刷
2024 年 3 月第 1 版第 3 次印刷
184mm×260mm · 10.25 印张 · 250 千字
标准书号：ISBN 978-7-111-73264-8
定价：35.00 元

电话服务　　　　　　　　　网络服务
客服电话：010-88361066　　机　工　官　网：www.cmpbook.com
　　　　　010-88379833　　机　工　官　博：weibo.com/cmp1952
　　　　　010-68326294　　金　书　网：www.golden-book.com
封底无防伪标均为盗版　机工教育服务网：www.cmpedu.com

Industrial Robot

前　言

党的二十大报告提出，深入实施科教兴国战略、人才强国战略、创新驱动发展战略，开辟发展新领域新赛道，坚持科技自立自强、人才引领驱动，全面提高人才自主培养质量，落实立德树人根本任务，培养德智体美劳全面发展的社会主义建设者和接班人。为了满足新形势下高职教育高素质高技能型人才培养的要求，本书在总结近年来以工作过程为导向的教学实践经验基础上精心设计项目任务，达到学以致用。本书从行业的实际应用出发，明确定位工业机器人操作与运维人才需求目标，在技术层面突出机器人系统装调与在线诊断的能力需求，兼顾学生新技术和新方法应用的创新创业能力、思想素质养成教育需求、社会从业人员的技能提升需求，结合多年校企合作教学过程中的经验积累编写而成。本书具有以下特点：

1)　"理论+实操+虚拟"一体化，夯实工业机器人操作运维岗位核心能力。本书根据学生学习和就业岗位需求，采用以机器人基本操作为起点，以企业典型案例实践操作为主线，以应用案例设计分析为创新拓展的项目式学习方式进行内容安排。从工业机器人操作维护人员的岗位能力需求出发，将理论知识、操作技能、安全事项、创新发展等内容融入学习任务中，由易到难、循序渐进，达到"文化素养+职业技能"学习双达标。

2)　"基础+实用+创新"相融合，促进学生创新创业能力提升。本书选取机器人"四大家族"之一的 ABB 机器人为案例载体，从机器人的基础技能训练到企业典型应用案例分析，迭代上升，注重理论联系实际，将思想教育、职业文化贯穿到专业知识分析运用中。本书引入反映机器人发展趋势的新技术、新方法、新研究成果作为创新拓展项目，使学生在夯实基础的前提下，领会新技术应用领域创新创业的方式方法。

3)　"互联网+教材"，为社会从业人员提供全方位教育途径。本书内容经过多年的教学和培训过程的检验，结合培养服务区域发展的高素质技术技能人才的需求进行多次任务解析。推出"理论+实操+虚拟"一体化的网络课程，满足不同人员的多渠道多方式的学习需求，加强全方位教育和终身学习的理念。

4)　"标准+任务+素养"，将立德树人教育贯穿始终。依据教育部颁发的工业机器人职业技能标准要求设计教材内容，分解学习项目，规划学习任务，及时将新技术、新工艺、新规范纳入教学标准和教学内容。采用理论讲解、实操演示、安全操作及虚拟仿真等教学方式，同时将工匠精神、职业文化、思政教育融入学习实践中。

本书由吕世霞、朱青松、李显、王学雷编写，得到了编者所在院校领导及企业专家们的大力支持，在此表示衷心的感谢！由于编者水平所限，书中难免存在不妥之处，恳请同行专家和读者不吝赐教，多加批评指正。

编　者

二维码索引

（续）

目录
Contents

项目1 工业机器人技术概述

学习目标+书证融通

	项目学习能力要求	1+X 证书标准要求
社会能力	能够描述工业机器人的典型应用	—
	能够描述机器人技术的发展趋势	
操作能力	能够指出机器人安全标识的含义	能识读机器人安全标识
	能够按照要求规范操作机器人	能遵守通用安全操作规范操作机器人
	能够分享进入机器人工作区域时需要采取的安全措施	能主动穿戴工业机器人安全作业服
发展能力	能够描述我国机器人技术的发展特点	—
	能归纳分享学习成果	

项目引入

随着人工智能技术的发展和智能制造技术的普及应用，未来十年85%以上劳动密集型的工业生产将逐渐被智能工厂取代，即大量使用工业机器人在自动化线上工作。工业机器人行业的发展前景一片光明。目前，市场相应的人才供给明显不足，技术项目研发人才更短缺，这个人才缺口也将会逐年增大。因此，工业机器人的相关技术人才需求在逐年增加。

本项目主要介绍工业机器人的应用和发展概况，以及工业机器人的安全使用注意事项。通过本项目的学习，学生应初步了解工业机器人的典型应用领域，了解国内外机器人技术的发展概况，初步认识机器人工作区域的常用安全标识和注意事项。

想想做做

机器人是制造业"皇冠顶端的明珠"，其研发、制造和应用是衡量一个国家科技创新和高端制造业水平的重要标志。机器人主要制造商和国家纷纷加紧布局，抢占技术和市场制高点。我国机器人技术的发展形势需要我们积极参与，刻不容缓。

项目实施

任务1.1 走近工业机器人

走近工业机器人

任务描述

学习工业机器人系统装调与故障诊断，首先要了解什么是工业机器人，工业机器人有哪些典型的应用，它们各自有哪些特征，并应用这些知识分析智能制造过程中工业机器人的应用技术和应用状况特征。

1.1.1 认识工业机器人

在"工业4.0"时代，工厂生产机器将会通过物联网技术实现高度互联，并最终将人和机器联系起来，结合软件和大数据分析，为制造商和客户带来更高效、更低成本的解决方案。

工业机器人技术融合了机构学、自动控制、计算机、人工智能、微电子学、光学、通信技术、传感技术、仿生学等多种学科和技术。工业机器人广泛应用于制造业，是先进制造技术领域不可缺少的自动化设备。它对稳定和提高产品质量，提高生产率，改善劳动条件和产品的快速更新换代起着十分重要的作用。图1-1所示为焊接机器人工作站。

图1-1　焊接机器人工作站

1.1.2 典型应用场合

工业机器人已经广泛应用于各种智能化产线、智能仓储工厂，包括汽车及汽车零部件制造行业、机械加工行业、电子电气行业、橡胶及塑料工业、食品医药行业、木材和家具制造行业等。这些机器人通常配套周边设备完成特定的工作，以工作站的形式出现在工作现场。

1. 搬运机器人

图1-2所示为机器人在搬运汽车风窗玻璃。常见的搬运机器人通常根据安装的末端执行器（如机械手爪、真空吸盘和电磁吸盘等）不同，可实现对不同工件的抓取和搬运。搬运机器人在使用过程中具有定位准确、工作节拍可调、工作空间大、性能优良、运行平稳可靠和维修方便等特点，经常被用于数控机床上下料、冲压机自动化生产线、自动装配流水线、码垛搬运以及集装箱码放等场合。

2. 焊接机器人

在汽车焊装线上，经常采用焊接机器人来代替人工焊接。据不完全统计，全世界在役的工业机器人有近一半服务于各种形式的焊接加工领域，成为当前应用量最多的一种工业机器人。图1-3所示为汽车焊装线上的焊接机器人。焊接机器人作为当前广泛使用的先进自动化焊接设备，具有通用性强、工作稳定的优点，并且操作简便、功能丰富，越来越受到人们的重视。

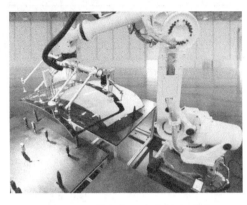

图 1-2　机器人搬运汽车风窗玻璃

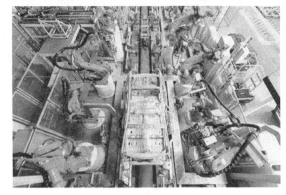

图 1-3　汽车焊装线上的焊接机器人

3. 喷涂机器人

喷涂机器人广泛用于汽车、仪表、电器和陶瓷等生产线上。在喷涂工序中，雾状涂料对人体的危害很大，并且喷涂环境中照明、通风等条件很差，因此在喷涂作业领域中大量使用了机器人来改善劳动条件，同时提高了产品的产量和质量，降低了成本。图 1-4 所示为汽车涂装线上的喷涂机器人。

图 1-4　汽车涂装线上的喷涂机器人

4. 装配机器人

装配机器人常用于装配生产线上对零件或部件进行装配，如图 1-5 所示的收纳箱的装配机器人，它是柔性自动化装配系统的核心设备。装配机器人具有精度高、柔顺性好、工作范围小、能与其他系统配套使用等特点。

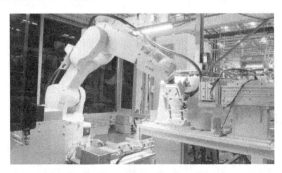

图 1-5　收纳箱的装配机器人

任务反馈

  通过学习机器人基本知识，我了解了 _____。

  通过学习工业机器人的典型应用场合，我了解了 _____。

  在 _____ 方面，我需要进一步巩固练习，

加深学习。

任务 1.2　了解机器人技术的发展

机器人技术的发展

任务描述

  目前，工业机器人正快速进入各个领域中，并且还在不断的进化中。我国虽然起步较晚，但也取得了不凡的成就。智能化机器人是未来机器人的进化方向，并将深度改变我们的生产和生活方式。认识、了解机器人技术的发展对学习机器人尤为重要。

  自动化、信息化、智能化技术的发展推动了机器人技术的迅速发展，可以说，机器人的发展史也是世界科技发展史的体现，机器人技术的发展程度体现了一个国家科学技术的综合实力。

1.2.1　机器人技术的发展历程

  机器人技术发展到日前为止共分为二个阶段。第一阶段的机器人只有"手"，以固定程序工作，不具有外界信息的反馈能力；第二阶段的机器人具有对外界信息的反馈能力，即有了感觉，如力觉、触觉和视觉等；第三阶段，即所谓"智能机器人"阶段，这一阶段的机器人已经具有了自主性，有自行学习、推理、决策和规划等能力。

  1958 年，被誉为"工业机器人之父"的美国发明家约瑟夫·恩格尔伯格创建了世界上第一个机器人公司——Unimation 公司，并参与设计了第一台 Unimate 机器人。该机器人主要用于机器之间的物料运输，采用液压驱动。它的手臂可以绕底座回转，沿垂直方向升降，也可以沿半径方向伸缩。一般认为，Unimate 和 Versatran 机器人是世界上最早的工业机器人。

  1979 年，Unimation 公司推出了 PUMA 系列工业机器人，它采用全电动驱动、关节式结构、多 CPU 二级计算机控制，采用 VAL 专用语言，可配置视觉、触觉和力觉传感器，技术较为先进。同年，日本山梨大学的牧野洋研制成具有平面关节的 SCARA 型机器人。20 世纪 70 年代，出现了很多机器人商品，并在工业生产中逐步推广应用。随着计算机科学技术、控制技术和人工智能的发展，机器人的研究开发，无论就水平还是规模而言都得到迅速发展。

1.2.2　我国机器人的发展状况

  我国在机器人研究方面相对起步较晚。我国工业机器人起步于 20 世纪 70 年代初期，经过 20 多年的发展，大致经历了 70 年代的萌芽期、80 年代的开发期、90 年代的适用化期，到现在的智能化时期。但我们所取得的成就仍是不容轻视的。

1. 我国机器人技术发展状况

1986年，我国开展了"七五"机器人攻关计划，1987年，国家高技术研究发展计划（即"863"计划）将机器人方面的研究开发列入其中。最初，我国在机器人技术方面研究的主要目的是跟踪国际先进的机器人技术。随后，我国在机器人技术及应用方面取得了很大的成就，主要研究成果有：哈尔滨工业大学研制的两足步行机器人，北京自动化研究所1993年研制的喷涂机器人，1995年研制的高压水切割机器人，沈阳自动化研究所研制的有缆深潜300m机器人、无缆深潜机器人和遥控移动作业机器人。

我国在仿人形机器人方面的研究也取得了很大的进展。例如，国防科技大学经过10年的努力，于2000年成功研制出我国第一个仿人形机器人——"先行者"，其身高140cm，重20kg。它有与人类似的躯体、头部、眼睛、双臂和双足，可以步行，也有一定的语言功能。它每秒走一步到两步，但步行质量较高：既可在平地上稳步向前，还可自如地转弯、上坡；既可以在已知的环境中步行，还可以在小偏差、不确定的环境中行走。

2. 我国机器人产业发展状况

当前，我国机器人市场进入高速增长期，连续七年成为全球第一大工业机器人应用市场，服务机器人需求潜力巨大，特种机器人应用前景广阔，核心零部件国产化进程不断加快，创新型企业大量涌现，部分技术已可形成规模化产品，并在某些领域具有明显优势。

智能制造加速升级，工业机器人市场规模持续增长。当前，我国装备制造业智能化改造升级的需求日益凸显，工业机器人需求依然旺盛。我国工业机器人市场保持良好发展，约占全球市场份额的1/3，是全球第一大工业机器人应用市场。据IFR（国际机器人联合会）统计，2021年，我国工业机器人市场规模约75亿美元，全球占比为43%，预计2024年我国工业机器人市场规模将达到115亿美元，全球工业机器人销售额比重有望达50%。2021年，我国制造业机器人密度约322台/万人，从2020年的全球第九大自动化国家跃升至全球第五大自动化国家。

3. 我国机器人技术发展特征

目前，我国工业机器人研发仍以突破机器人关键核心技术为首要目标，政产学研用通力配合，初步实现了控制器的国产化。服务机器人的智能水平快速提升，已与国际第一梯队实现并跑。特种机器人主要依靠国家扶持，研究实力基本达到国际先进水平。

1）工业机器人：国产化进程再度提速，应用领域向更多细分行业快速拓展。国产工业机器人正逐步获得市场认可。目前，我国将突破机器人关键核心技术作为科技发展重要战略，国内厂商攻克了减速机、伺服控制和伺服电动机等关键核心零部件领域的部分难题，核心零部件国产化的趋势逐渐显现。与此同时，国产工业机器人在市场总销量中的比重稳步提高。国产控制器等核心零部件在国产工业机器人中的使用也进一步增加，智能控制和应用系统的自主研发水平持续进步，制造工艺的自主设计能力不断提升。

2）服务机器人：智能技术比肩欧美，初创企业大量涌现。我国智能机器人技术与国际领先水平实现并跑。我国在人工智能领域的技术创新不断加快，我国专利申请数量与美国处于同等数量级，特别是计算机视觉和智能语音等应用层面专利数量快速增长，催生出一批创新创业型企业。与此同时，我国在多模态人机交互技术、仿生材料与结构、模块化自重构技术等方面也取得了一定进展，进一步提升了我国在智能机器人领域的技术水平。

3）特种机器人：部分关键核心技术取得突破，无人机、水下机器人等领域形成规模化产品。我国特种无人机、水下机器人等研制水平全球领先。我国政府高度重视特种机器人技术研究与开发，将对"863计划"、特殊服役环境下作业机器人关键技术主题项目及深海关键技术与装备等重点专项予以支持。目前，我国已初步形成了特种无人机、水下机器人、搜救/排爆机器人等系列产品，并在一些领域形成优势。例如：中国电子科技集团公司研究开发了固定翼无人机智能集群系统，成功完成119架固定翼无人机集群飞行试验；我国中车时代电气公司研制出世界上最大吨位深水挖沟犁，填补了我国深海机器人装备制造领域的空白；新一代远洋综合科考船"科学"号搭载的缆控式遥控无人潜水器"发现"号与自治式水下机器人"探索"号在南海北部实现首次深海交会拍摄。

1.2.3 未来机器人技术的发展趋势

智能化、人机协作等机器人技术是未来的发展方向。智能机器人是具有感知、思维和行动功能的机器。智能机器人可获取、处理和识别多种信息，自主地完成较为复杂的操作任务，比一般的工业机器人具有更大的灵活性、机动性和更广泛的应用领域。

对于未来智能机器人的几大发展趋势，在这里概括性地分析如下：

1）语言交流功能越来越完美。

2）各种动作的完美化。

3）外形越来越酷似人类。

4）逻辑分析能力越来越强。

5）具备越来越多样化的功能。

机器人的产生是社会科学技术发展的必然阶段，是社会经济发展到一定程度的产物。在经历了从初级到现在的成长过程后，随着科学技术的进一步发展及各种技术的进一步相互融合，相信机器人技术的发展前景将更加光明。

任务反馈

通过学习工业机器人的发展历程，我了解了＿＿＿＿＿＿＿＿＿＿＿＿＿＿＿＿＿＿＿。

通过学习机器人的发展现状，我了解了＿＿＿＿＿＿＿＿＿＿＿＿＿＿＿＿＿＿＿。

通过学习未来机器人技术的发展趋势，我了解了＿＿＿＿＿＿＿＿＿＿＿＿＿＿＿＿＿。

在＿＿＿＿＿＿＿＿＿＿＿＿＿＿＿＿＿＿＿＿＿＿方面，我需要进一步巩固练习，加深学习。

任务 1.3　工业机器人的安全操作

任务描述

生产线上机器人工作站的操作维护人员在进入机器人工作区域时需要注意人身安全、设备安全和他人安全等，能够认识安全标识，安全操作机器人。

工业机器人的安全操作

工业机器人作为自动化生产中最主要的机电一体化设备，如果操作不当或维护不当会造成财产损失甚至危及个人生命安全。因此，必须严格遵照机器人安全操作流程进行作业，将风险降到最低，有效地避免人员伤亡事故的发生。

1.3.1 工业机器人的安全使用

安装、操作和维护错误可能引发严重的人身伤害或设备损坏事故。为预防或减少机器人造成的伤害，必须充分了解机器人工作岗位的常见危险、工业机器人安全使用规程以及操作注意事项。

1. 安全使用规程

（1）安全使用环境　机器人不得在以下任何一种情况下使用：燃烧的环境，有爆炸可能的环境，无线电干扰的环境，水中或其他液体中，以运送人或动物为目的，爬到机器人上面或悬垂于机器人之下。

（2）操作注意事项

1）对操作者进行充分的安全教育和操作指导。

2）确保为操作者提供充足的操作时间和进行正确的指导，以便其能熟练使用。

3）指导操作者穿戴指定的防护用具。

4）注意操作者的健康状况，不要对操作者提出无理要求。

5）教育操作者在设备自动运转时不要进入安全护栏。

6）一定不要将机器人用于说明书中指定应用范围之外的其他应用。

7）建立规章制度，禁止无关人员进入机器人安装场所，并确保制度的实施。

8）指定专人保管控制柜钥匙和门互锁装置的安全插销。

2. 安全防范措施

（1）工作场所的安全预防措施

1）保持作业区域及设备的整洁。如果地面上有油、水、工具或工件，则可能会绊倒操作者而引发安全事故。

2）工具用完后必须放回到机器人动作范围外的原位置保存。

3）机器人可能与遗忘在夹具上的工具发生碰撞，造成夹具或机器人的损坏，应在机器人运行前检查夹具状态。

4）操作结束后要清洁机器人和夹具。

（2）操作过程中的安全预防措施

1）了解基本的安全规则和警告标识，如"易燃""高压""危险"等，并认真遵守。

2）禁止靠在控制柜上或按下任何开关。

3）禁止向机器人本体施加任何不当的外力。

4）不允许在机器人本体周围有危险行为或进行玩耍。

5）注意保持身体健康，以便随时对危险情况做出及时反应。

（3）维护和检查过程中的安全预防措施

1）只有接受过专门安全教育的专业人员才能进行机器人的维护、检查作业。

2）只有接受过机器人安全培训的技术人员才能拆装机器人本体或控制柜。

3. 操作前的安全准备工作

1）编程人员应目视检查机器人系统及安全区，确认无引发危险的外在因素存在。检查示教器，确认能正常操作。开始编程前要排除任何错误和故障。检查示教模式下的运动速度。在示教模式下，机器人示教点的最大运动速度限制在250mm/s以内。进入示教模式后，应确认机器人的运动速度是否被正确限定。正确使用安全开关。

2）在紧急情况下，按下急停开关可使机器人紧急停止。开始操作前，应确认急停开关是否起作用。在操作过程中以正确方式握住示教器，以便随时采取措施。正确使用急停开关（急停开关位于示教器的右上角）。确认所有的外部急停开关都能正常工作。若需要离开示教器进行其他操作，应按下示教器上的急停开关，以确保安全。

3）操作人员穿戴安全。操作人员操作机器人时，必须做好人身防护工作，见表1-1。

表1-1　人身防护操作

序号	操作步骤	图　示
1	穿好安全防护鞋，防止零部件掉落时砸伤脚部	
2	穿戴安全工作服和安全帽，防止工业机器人系统零部件尖角或操作工业机器人末端工具动作时划伤操作人员	

1.3.2　工作现场的安全标识

操作机器人或机器人系统时，应严格遵守机器人使用的安全规程，因此，必须了解机器人系统常用的安全标识。机器人系统常用的安全标识见表1-2。

表1-2　机器人系统常用的安全标识

标　识	名　称	含　义
	危险	警告，如果不依照说明操作，就会发生事故，并导致严重或致命的人员伤害或严重的设备损坏
	警告	警告，如果不依照说明操作，可能会发生事故，造成严重的伤害（可能致命）或重大的设备损坏
	电击	针对可能会导致严重的人身伤害或死亡的电气危险的警告

（续）

标　识	名　称	含　义
	小心	警告，如果不依照说明操作，可能会发生导致人身伤害或设备损坏的事故
	静电放电（ESD）	针对可能会导致严重设备损坏的电气危险的警告
	注意	描述重要的事实和条件
	提示	描述从何处查找附加信息或如何以更简单的方式进行操作

任务反馈

通过学习工业机器人的安全使用规程，我了解了＿＿＿＿＿＿＿＿＿＿＿＿＿＿＿。

通过学习工业机器人的安全防范措施，我了解了＿＿＿＿＿＿＿＿＿＿＿＿＿＿。

通过学习工业机器人的操作前安全准备工作，我了解了＿＿＿＿＿＿＿＿＿＿＿。

在＿＿＿＿＿＿＿＿＿＿＿＿＿＿＿＿方面，我需要进一步巩固练习，加深学习。

考核评价

考核评价表

社会能力（40分）

序号	评价内容	评价要求	自评	互评	师评
1	纪律（无迟到、早退、旷课）（10分）	无违纪现象			
2	团结协作能力、沟通能力（10分）	能够进行有效合理的合作、交流			
3	工业机器人的典型应用（10分）	能够描述机器人的典型应用			
4	机器人技术的发展趋势（10分）	能够描述机器人技术的发展趋势			

操作能力（30分）

序号	评价内容	评价要求	自评	互评	师评
1	机器人的安全标识（10分）	能识读机器人安全标识			
2	规范操作机器人（10分）	能遵守通用安全操作规范操作机器人			
3	进入机器人工作区域时的安全措施（10分）	能主动穿戴安全作业服与安全帽			

（续）

发展能力（30分）					
序号	评价内容	评价要求	自评	互评	师评
1	通过网络查询机器人技术的典型应用（10分）	能够使用网络工具进行资料查找、整理和表述			
2	能描述我国机器人技术发展特点（10分）	培养科技强国的爱国主义情怀			
3	文档整理、成果汇报（10分）	能梳理学习过程，展示汇报学习成果			
综合评价					

拓展应用

举例分享一个典型的机器人工作站，能够对机器人自身功能特点、工作内容以及在工作区域采取的安全措施等进行描述。如图1-6所示的焊接机器人工作站，试描述焊接机器人工作站的组成部分、技术及功能特点，查找资料并进行焊接机器人技术的新工艺、新技术应用特点的整理，再结合现场情况说明工作站的安全防护措施，以及进入机器人工作区域时应采取的安全防护措施。

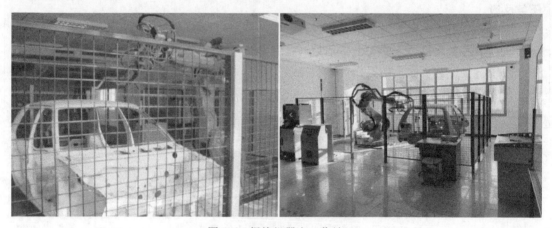

图1-6　焊接机器人工作站

习题训练

分组演示进入图1-6所示的机器人工作区域时需要采取的安全措施，完成具体操作步骤及内容表述。进行小组自评，各组互评，老师点评，反思总结，并填写工作任务评价表。

工作任务评价表

进入机器人工作区域时需要采取的安全措施					
序号	评价内容	评价要求	自评	互评	师评
1	工作站功能特点描述（10分）	能合理描述工作站的功能特点			
2	工作站组成部分描述（10分）	能合理描述工作站组成部分的特点			
3	自身安全防护措施（15分）	能合理穿戴安全防护服			

（续）

序号	评 价 内 容	评 价 要 求	自评	互评	师评
4	他人安全防护措施(15分)	能注意工作区域他人安全			
5	设备安全防护措施(10分)	能检查设备安全防护情况			
6	周边区域安全防护(10分)	能检查并设置周边区域安全防护标识			
7	安全防护的操作步骤(10分)	能合理规范的进行安全防护			
8	安全防护措施的归纳(10分)	能归纳总结需要采取的安全措施			
反思总结(10分)					
综合评价					

Industrial Robot

ROBOT

项目2 搬运机器人系统的装调与故障诊断

学习目标+书证融通

	项目学习能力要求	1+X 证书标准要求
社会能力	能够描述常用搬运机器人的应用特点	—
	能够描述常用的搬运工具	
操作能力	能够进行机器人本体的安装调试	能进行工业机器人系统安装
	能够进行周边设备的安装调试	能进行工业机器人周边设备安装
	能够进行搬运机器人的操作调整	能进行工业机器人操作调整
	能够进行搬运轨迹的编程调试	能进行工业机器人编程调试
	能够进行常见故障的诊断处理	能进行工业机器人系统故障诊断处理
发展能力	能够分析搬运机器人系统的典型应用特点	—
	能够归纳总结常见的故障处理方法	

项目引入

机器人自动搬运工作站适应现代制造企业的快节奏生产需求，将员工从繁重而枯燥的重复性劳动中解放出来。机器人搬运工作站作为智能柔性制造系统的重要组成部分，通过末端执行器的快速更换以及程序的灵活调整，能够迅速地更改整套系统的搬运对象，满足了目前企业小批量高速生产又快速更新换代的生产需求。正是因为这些特点，基于机器人系统的自动搬运工作站（图 2-1）目前已经广泛应用于机械、电子 3C 及化工等各类产品的制造过程。

图 2-1　搬运工作站

本项目使用 ABB IRB120 机器人，采用快换工具手抓取吸盘工具进行三角形物料的搬运码放，如图 2-2 所示搬运机器人工作站由如下四部分组成：

1）机器人本体系统。
2）机器人工具快换装置。
3）待搬运工件及放置设备。
4）搬运工件的放置设备。

具体工作任务是，首先分析工作站的设备组成、安装调试工作站设备、系统参数配置、通电测试，接着进行机器人搬运任务的运动轨迹规划、指令分析、程序分析及编程调试，最后进行调试优化、完成物料搬运任务。

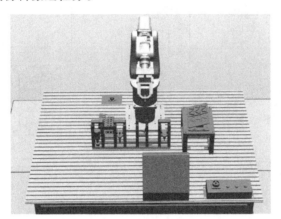

搬运机器人工
作站任务演示

图 2-2　搬运机器人工作站

想想做做

安全生产，遵守职业守则，规范操作从自我防护、保护他人做起。

项目实施

任务 2.1　工业机器人本体的安装调试

工作站的布局安装

任务描述

根据现场提供的技术文件，安装机器人本体、末端执行器、控制柜之间的动力电缆、示教器与控制柜之间的接线以及信号电缆等，并进行通电调试，要确保系统正常运行。

2.1.1　布局安装机器人本体

对于一个机器人工作站来说，首先要根据实际应用环境对机器人本体安装位置进行合理布局。以工作台桌面上机器人本体安装为例，进行机器人本体安装学习。根据机器人的工作环境、选型特点，本系统选择桌面上的 ABB IRB120 机器人本体，由于现场工作需求，给机器人增加了底座。要求先安装机器人底座，再将机器人本体固定在底座上，具体安装位置如图 2-3 所示，安装完成后如图 2-4 所示。

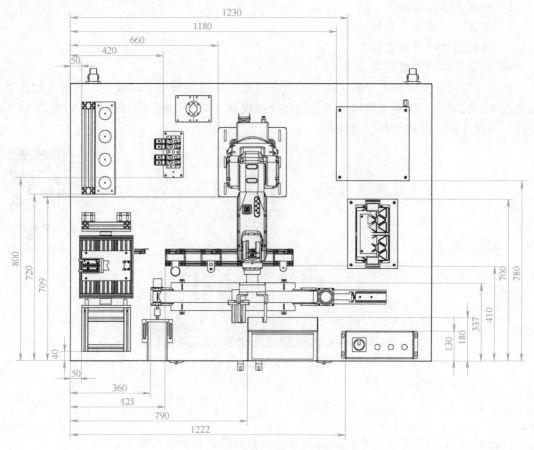

图 2-3　机器人本体安装位置图

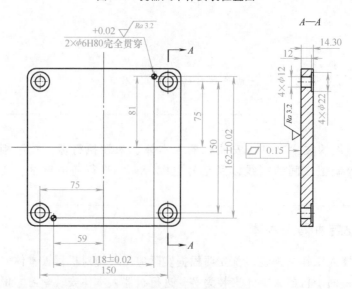

图 2-4　机器人本体布局及安装

图 2-4 机器人本体布局及安装（续）

安装机器人时所用的安装配件见表 2-1。

表 2-1 安装配件

配件名称	规格型号	数量
安装螺钉	M10×25 8.8-A3F	4 个
弹性垫圈	10mm	4 个
平垫圈	10mm	4 个
导销	D6×20 ISO 2338-6 m6×30-A1	2 个

2.1.2 机器人本体与控制柜之间的连接

如图 2-5 所示，连接机器人本体与控制柜、示教器与控制柜之间的接线。机器人底座的连接如图 2-6 所示，机器人上臂壳体的连接如图 2-7 所示。

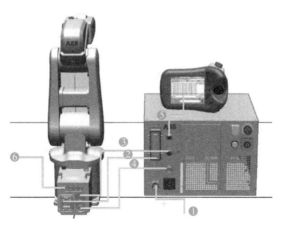

图 2-5 连接电缆线

1—控制柜电源线　2—机器人动力线　3—机器人用户电缆线

4—机器人编码线　5—示教器电缆线　6—气管接口

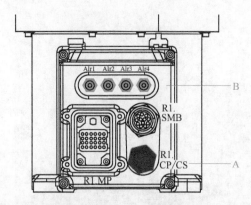

位置	连接	描述	编号	值
A	R1.CP/CS	客户电力/信号	10	49V，500mA
B	空气	最大5×10^5Pa	4	内壳直径为4mm

图 2-6　机器人底座连接线位置图

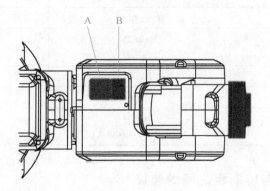

位置	连接	描述	编号	值
A	R3.CP/CS	客户电力/信号	10	49V，500mA
B	空气	最大5×10^5Pa	4	内壳直径为4mm

图 2-7　机器人上臂壳体连接线位置图

2.1.3　机器人工作站电源部分的连接

1. 电源连接

本项目设备使用了两种电压，交流 220V 和直流 24V。图 2-8 所示为机器人工作站电源部分 220V 电气接线图。按照电路图连接 220V 主电路，其中包含总开关、滤波器、工业机器人、变频器、伺服驱动器、电源开关以及一个三孔电源插座。按照电路图连接 24V 电源，如图 2-9 所示。

2. 操作面板连接

图 2-10 所示为电源控制盒（主控、急停）的电路连接方式。安装电源控制盒。

控制盒从左至右依次为主控开关、电源指示灯、警报蜂鸣器及急停开关。安装位置如图 2-11 所示。

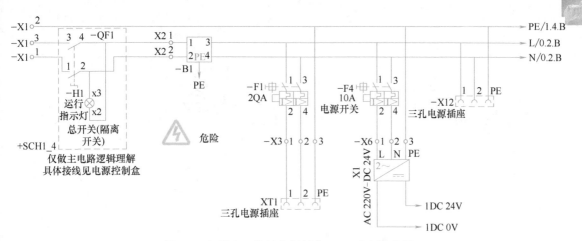

图 2-8 机器人工作站电源部分 220V 电气接线图

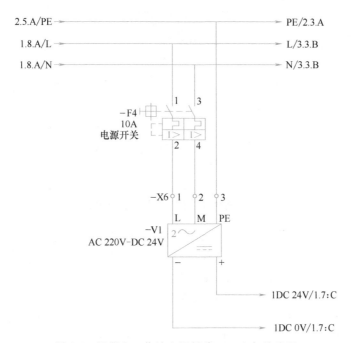

图 2-9 机器人工作站电源部分 24V 电气接线图

2.1.4 系统上电测试

安装完成机器人本体、控制柜及工作站电源后，进行机器人系统开机上电测试，观察机器人上电情况，以及示教器是否正常启动。

1. 开机的操作

机器人系统首次开机启动的检查与操作步骤如下：

1）检查机器人本体、控制柜之间的动力电缆、信号电缆，以及示教器与控制柜之间的接线是否完成。

2）检查机器人系统的安全保护机制以及所需的安全保护电路是否正确连接。

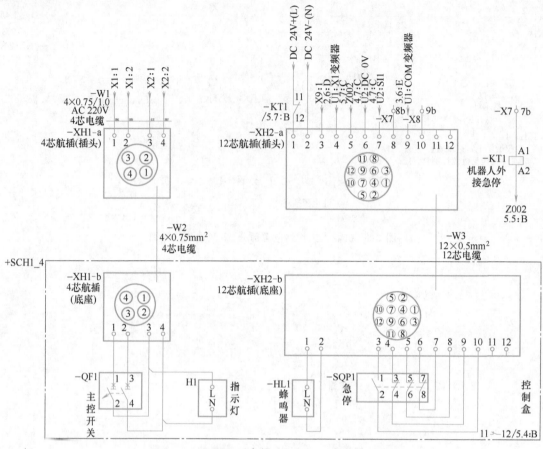

图 2-10　控制盒（主控、急停）的电路连接图

3）检查机器人系统上级电源的安全保护电路是否完成施工接线，电压保护、过载保护、短路保护以及漏电保护等功能是否工作正常。由于机器人型号不同，目前有两种机器人电源电压：交流 220V 和交流 380V。

4）按下机器人控制柜上的急停开关，将控制柜上的总电源旋钮开关切换到 ON 位置。

上述步骤为机器人系统首次开机的标准操作流程，日常开机启动可以直接执行第 4）步操作。需要注意的是，按下急停开关再启动并不是强制性要求，但是按照先急停、后启动的顺序来启动整个机器人系统能够最大限度地保护操作人员的安全。

图 2-11　控制盒安装位置

2. 设置语言

示教器的默认显示语言为英文，当机器人系统安装了中文或其他语言时，可以通过以下操作进行语言切换：

1）在 ABB 主界面中单击"Control Panel"（控制面板），在"Control Panel"界面下，单击图 2-12 所示的"Language"（语言）选项。

2）"Language"选项下以列表的形式显示了当前系统中已经安装的语言包，选择目标语言界面如图 2-13 所示，单击需要更改的目标语言"Chinese"，并单击"OK"按钮确认。

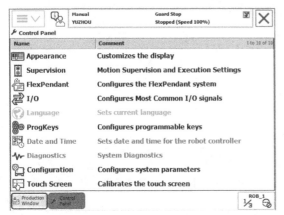

图 2-12 "Language"（语言）选项

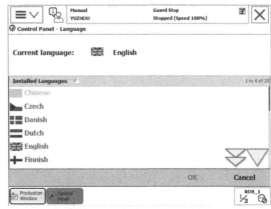

图 2-13 选择目标语言界面

3）更改语言属于系统配置修改，系统将弹出重启提示框，如图 2-14 所示。单击"YES"按钮确认示教器重新启动。待示教器重启后，当前语言将被选定的目标语言替代。

语言切换后，触摸屏按钮、菜单和对话框都将以新的语言显示，而机器人程序指令、变量、系统参数和 I/O 信号不受影响。

3. 设定系统时间

正确的机器人系统时间能够为系统文件管理以及故障查阅与处理提供时间基准。系统启动后，应该尽快将机器人系统时间设定为本地时间。如图 2-15 所示，时间设定的操作过程如下：

1）在"控制面板"界面下单击"日期和时间"选项。

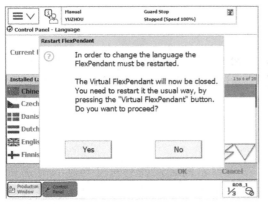

图 2-14 确认示教器重启

图 2-15 "日期和时间"选项

2）通过"+"或者"-"来完成日期和时间的设定并单击"确定"，即可完成机器人系统时间的设定，如图 2-16 所示。

4. 关机与重启的操作

关闭机器人系统的标准操作步骤如下：

1）使用示教器上的停止键（STOP）或者程序中的 STOP 指令来停止所有程序运行。

2）在触摸屏中单击"ABB 主界面"按钮，选中操作窗口中的"重新启动"，单击"高级"选项卡，出现"高级重启"界面，如图 2-17 所示。

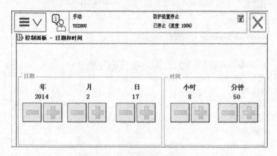

图 2-16 系统时间设定界面

图 2-17 机器人系统"高级重启"选项卡

在"高级重启"中选择"关闭主计算机"，示教器上显示"主计算机将被关闭..."，系统将自动保存当前程序及系统参数，待系统关闭 30s 后，将控制柜的总电源开关切换到 OFF 的状态，即可关闭机器人系统的总电源。

任务反馈

通过学习布局安装机器人本体，我了解了_____。

通过学习机器人本体与控制柜之间的连接，我了解了_____。

通过学习机器人工作站电源部分的连接，我了解了_____。

在_____方面，我需要进一步巩固练习，加深学习。

任务 2.2　周边设备的安装调试

任务描述

根据现场提供的技术文件，安装机器人周边的相关设备，包括快换工具手、放置待更换工具的工具台架等周边设备的机械、电气和气路连接等，并进行系统测试，确保系统正常运行。

2.2.1　布局安装机器人的工具

机器人要根据实际工作需求完成多种工作，应根据不同工作任务对工具进行自动切换。本任务中，机器人采用快换工具手，根据工作任务的不同驱动快换工具手抓取对应的工具。

（1）安装机器人的快换工具手　如图 2-18 所示，将气动快换工具手安装到机器人末端。根据工作需求不同，机器人快换工具手可分别夹持不同的工具进行模拟焊接、抛光、吸附及喷涂等作业。

Industrial Robot

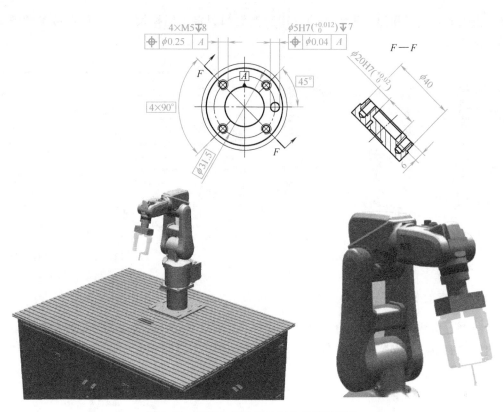

图 2-18　机器人快换工具手的布局及安装

（2）安装机器人的工具台架　如图 2-19 所示，工具台架用来放置机器人在进行不同工作时需要更换的工具，安装位置可参考图 2-3。

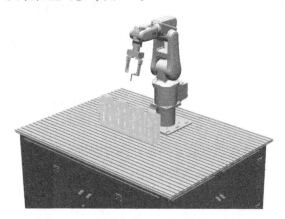

图 2-19　工具台架、工具布局及安装位置

（3）放置工具台架上的工具　如图 2-20 所示，工具台架上放置了喷枪工具、模拟抛光工具、真空吸盘工具和激光笔模拟焊接工具四种机器人工作所需的不同工具。

2.2.2　布局安装工作站的搬运模块

工作站的搬运模块由基础底座平台和数字棋盘工件码放模块组成。如图 2-21 所示，底座平台由铝型材支架和铝板平台组成，用于摆放和固定不同模块。安装位置可参考图 2-3，布局如图 2-22 所示。

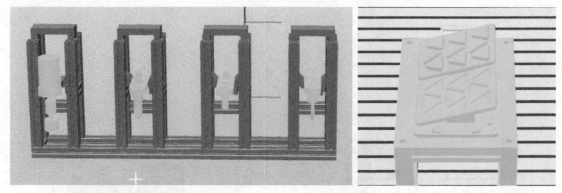

图 2-20　工具台架及工具　　　　　　　　　　图 2-21　搬运模块组合位置

2.2.3　工作站的气路安装

机器人工作站中使用的气动元件不止一个，气动控制元件经常采用气动控制阀岛。本项目中的气动控制阀岛安装位置可参考图 2-3，布局如图 2-23 所示。

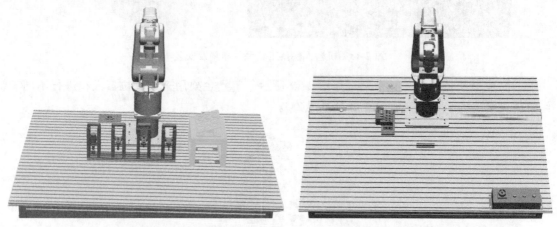

图 2-22　搬运模块安装位置布局　　　　　　　图 2-23　气动控制阀岛的安装布局

机器人工具采用快换方式进行转换，这是在汽车制造企业应用最为广泛的一种形式。图 2-24 所示为机器人工作站气动部分接线图，按照该图连接机器人快换工具气路。

2.2.4　机器人的 I/O 通信

ABB 机器人提供了丰富的接口，见表 2-2。

表 2-2　ABB 机器人常用通信接口

通信类型	PC 端通信	现场总线通信	ABB 标准通信
执行标准	RS232	DeviceNet（CAN 总线）	标准 I/O 模块
	OPC server	ProfiBus	ABB PLC
	Socket Message	ProfiNet	
		EtherNet IP	

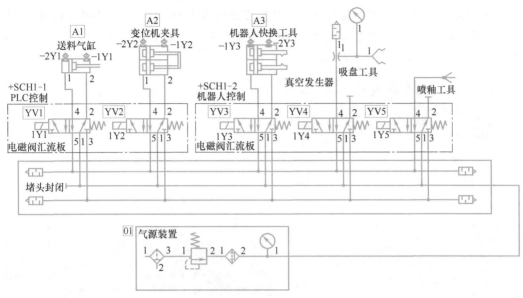

图 2-24 机器人工作站气动部分接线图

ABB 标准 I/O 模块用于连接外围输入/输出设备与机器人控制系统，使各种 I/O 信号能够通过 DeviceNet 总线在控制系统和外围设备之间交互。ABB 提供多种规格的标准 I/O 模块，常用模块的技术指标见表 2-3。

表 2-3 ABB 标准 I/O 模块技术指标

型号	I/O 数量	I/O 电压类型
DSQC 651	8DI/8DO/2AO	数字量输入/输出：DC 24V 模拟量输出：DC 0~10V
DSQC 652	16DI/16DO	DC 24V
DSQC 653	8DI/8DO 继电器输出	DC 24V 输入，交直流输出
DSQC 355A	4DI/4DO	± DC 10V

本项目中的 IRB120 机器人采用 IRC5 Compact 控制柜。机器人控制柜中的通信接口布置如图 2-25 所示。机器人系统与工具之间的通信经常采用标准的 I/O 模块 DSQC 652，总线通信形式采用 DeviceNet。

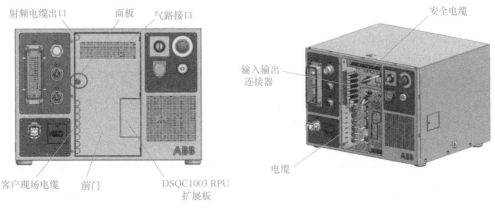

图 2-25 机器人控制柜中的通信接口布置

DSQC 652 模块采用晶体管输出电路，只能驱动电流在 0.5A 以下并采用 24V 电压供电的直流负载。DSQC 652 模块能够提供 16 路数字量输入、16 路数字量输出功能。DSQC 652 模块的外观与接口说明如图 2-26 所示。

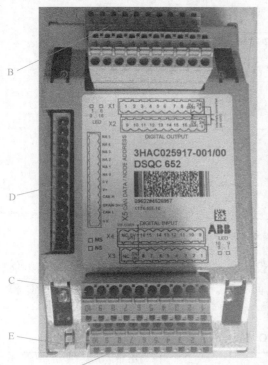
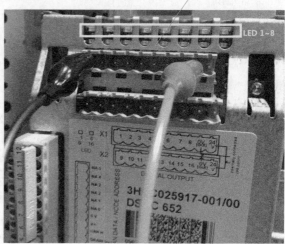

a) DSQC 652模块外观

接口	功能
A	数字量输出信号状态指示灯
B	数字量输出接口 X1、X2
C	数字量输入接口 X3、X4
D	DeviceNet接口X5
E	模块状态指示灯
F	数字量输入信号状态指示灯

b) 接口说明

图 2-26　DSQC 652 模块的外观与接口说明

1. DeviceNet 接口

DeviceNet 接口的代号为 X5，该接口用于定义标准板在 DeviceNet 总线上的地址并实现标准模块与控制柜的连接。该接口包含 12 个接线端子，端子 1~5 为 DeviceNet 总线通信接口，端子 6~12 用于定义标准模块的地址，如图 2-27 所示。X5 端子编号与功能说明见表 2-4。

图 2-27　X5 端子编号（顺时针方向旋转 90°）

表 2-4　X5 端子编号与功能说明

端子编号	功能说明	端子编号	功能说明
1	通信 0V 端子,连接黑色电缆	7	模块地址端子,地址代号 1
2	通信低电平端子,连接蓝色电缆	8	模块地址端子,地址代号 2
3	通信屏蔽端子,连接屏蔽电缆	9	模块地址端子,地址代号 4
4	通信高电平端子,连接白色电缆	10	模块地址端子,地址代号 8
5	通信 24V 端子,连接红色电缆	11	模块地址端子,地址代号 16
6	模块地址端子,地址代号 0	12	模块地址端子,地址代号 32

标准 I/O 模块是连接于 DeviceNet 总线之上的,为保证通信主站能够正确识别来自不同模块的信号,需要为每个模块设定一个独特的地址值。X5 接口的 6~12 端子具有不同的地址代号,接线时采用端子短接的方式即可得到一个独特的地址值。地址的定义为:该 I/O 模块上所有未短接端子的地址代号之和。例如接线时将 X5 接口的 6、7、9、11、12 端子短接,则未短接的端子为 8、10,未短接端子地址代号之和为:2+8=10,所以该 I/O 模块在总线上的地址为 10。所有连接于该总线上的设备地址均不得再使用 10,否则会发生地址冲突。DeviceNet 接口地址分配如图 2-28 所示。

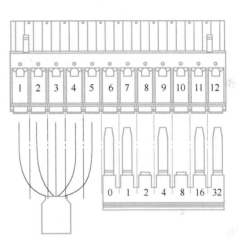

图 2-28　Device Net 接口地址分配

机器人系统中需要配置的 I/O 模块参数及说明列于表 2-5。

表 2-5　I/O 模块配置参数说明

参数名称	配置说明
Name	设定 I/O 模块在系统中的名称
Address	设定 I/O 模块的地址值

I/O 模块命名时不能使用中文字符,通常以 "Board+I/O 模块地址值" 的形式命名,这样能够统一命名格式,避免误操作。例如将一块 I/O 模块命名为 Board10,表明这是一块硬件地址为 10 的通信模块。本任务使用的 I/O 模块型号为 DSQC 652,系统中显示为 d652,模块连接的总线类型为 DeviceNet。设定模块的地址值,需要保证所设定的地址值与该模块 X5 接口上的 6~12 端子短接地址值相匹配。

2. I/O 模块参数配置操作步骤

1）在示教器的 ABB 主界面中,选择 "控制面板",在 "控制面板" 界面单击 "配置",进入 I/O 模块配置界面。其中 "Signal" 用于配置 I/O 信号,"DeviceNet Device" 用于配置 I/O 模块,如图 2-29 所示。

2）双击 "DeviceNet Device" 后,进入模块基本操作界面,如图 2-30 所示。系统列出了已经配置过的 I/O 模块,选定一个模块后,该界面下方的模块编辑与删除功能将被激活。单击 "添加",进入 I/O 模块配置界面,可以新建一个模块并配置其参数。

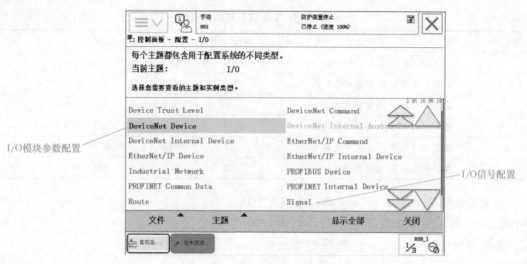

图 2-29　I/O 模块配置界面

a) 模块基本操作界面

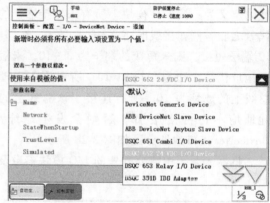

b) 调用配置文件界面

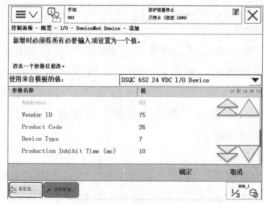

c) 参数配置界面

图 2-30　I/O 模块的参数配置

3）在 I/O 模块配置界面中，单击"使用来自模板的值："，在下拉列表中单击"DSQC 652 24 VDC I/O Device"，系统将调用 652 模块的配置文件，从而自动完成大部分参数的配置工作。用户只需配置 I/O 板名称 "Name" 和 I/O 板的地址 "Address" 即可完成对应的参数设置。注意：Address 的地址设置值要与 I/O 板的实际硬件跳线地址一致。参数设置完毕，单击屏幕下方的 "确定" 按钮，I/O 模块配置完毕。

DeviceNet Device 板参数配置见表 2-6。

表 2-6 DeviceNet Device 板参数配置

Name	Type of Device	Network	Address
Board10	D652	DeviceNet1	10

3. I/O 信号参数

机器人系统中需要配置的 I/O 信号参数及说明见表 2-7。

表 2-7 I/O 信号参数及说明

参数名称	配置说明	备注
Name	设定信号的名称	所有信号类型都需要设定
Type of Signal	设定信号类型	所有信号类型都需要设定
Assigned to Device	设定信号所连接的 I/O 模块	所有信号类型都需要设定
Device Mapping	设定信号在 I/O 模块上的地址	所有信号类型都需要设定
Analog Encoding Type	Unsigned：无符号编码 Two Complement：有符号编码	模拟量信号的编码类型 模拟量输入/输出信号专属
Maximum Logical Value	最大逻辑值	模拟量输入/输出信号专属
Minimum Logical Value	最小逻辑值	模拟量输入/输出信号专属
Maximum Physical Value	最大物理值	模拟量输入/输出信号专属
Minimum Physical Value	最小物理值	模拟量输入/输出信号专属
Maximum Bit Value	最大位值，16 位无符号编码 的模拟量默认值为 65535	模拟量输入/输出信号专属

（1）信号类型 系统提供了 6 种 I/O 信号类型，如图 2-31 所示。除了常见的 DI/DO/AI/AO 这 4 种信号类型，机器人控制器还提供了组输入/输出信号，Group Input（GI）是组输入信号，Group Output（GO）是组输出信号。GI 信号是将多路 DI 信号组合起来使用，按照 BCD 编码的形式将外围设备中的多个二进制信号转换为十进制数，并输入系统；而 GO 信号是将系统中的十进制数按照 BCD 解码的形式转变为多个二进制数，从而实现对多路 DO 信号的控制。表 2-8 列出了 4 位 BCD 编码的二进制数与十进制数的对应关系，编码时高位

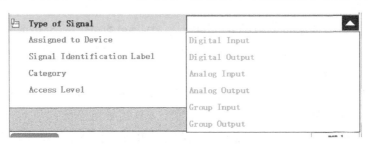

图 2-31 6 种 I/O 信号类型

地址在左，低位地址在右。占用 4 位地址的二进制数，可以表示十进制数 0~15。由此推论，占用 5 位地址的二进制数可以表示的十进制数的范围是 0~31。

表 2-8　BCD 编码表

十进制数	二进制数			
	地址 4	地址 3	地址 2	地址 1
0	0	0	0	0
1	0	0	0	1
2	0	0	1	0
3	0	0	1	1
4	0	1	0	0
5	0	1	0	1
6	0	1	1	0
7	0	1	1	1
8	1	0	0	0
9	1	0	0	1
10	1	0	1	0

（2）信号名称　I/O 信号命名不能使用中文字符，推荐使用"信号类型+信号地址"的形式来命名，例如，将地址 0 的数字量输入信号命名为 DI0，地址 2 的数字量输出信号命名为 DO2。

（3）信号地址　DI/DO 信号的设置地址值应该与对应外围设备所连接的端子地址相匹配。例如，机器人搬运工作站机器人工具检测传感器所连接的 1#端子地址是 0，所以该信号在系统中设置的地址值也应该为 0。AI/AO 信号根据所使用的信号路径的地址填写。GI/GO 信号根据需要编译的十进制数的大小以及硬件接线来填写，例如，将 GI0 信号的地址设定为 5~7，就是调用 X3 接口中地址分别为 5、6、7 的端子，向系统中输入一个范围为 0~7 的十进制数。

4. I/O 信号参数配置操作过程

在 I/O 配置界面中双击"Signal"，进入 I/O 信号基本操作界面，如图 2-32 所示，系统列出了所有配置过的信号，选择一个信号后，界面下方的信号编辑和删除功能将被激活。左侧带有钥匙标识的是系统信号，用户无权进行删除或修改。单击"添加"，进入 I/O 信号配置界面，如图 2-33 所示。

在 I/O 信号配置界面中，分别双击"Name""Type of Signal""Assigned to Device""Device Mapping"4 个选项，根据所定义信号的具体情况来完成参数设置。对于 AI/AO 信号，还需要额外设置 Analog Encoding Type（模拟信号属性）、Maximum Logical Value（最大逻辑值）、Maximum Physical Value（最大物理值）和 Maximum Bit Value（最大位值）4 个参数。参数设定完毕后，单击界面下方的"确定"按钮，I/O 信号配置完毕。

表 2-9 列出了搬运工作站的 I/O 信号参数配置。在此工作站中需要配置 1 个数字量输出信号：do_gripper，用于控制快换工具张合。

图 2-32 I/O 信号基本操作界面

图 2-33 I/O 信号配置界面

表 2-9 I/O 信号参数配置

Name	Type of Signal	Assigned to Device	Device Mapping
do_gripper	Digital Output	Board10	0

2.2.5 系统上电测试

对于机器人控制系统而言，输入信号通常由按钮、接近开关和传感器等产生并以电信号的形式输入系统，从而触发机器人对应运动程序的执行；输出信号由机器人系统产生，以电信号的形式输出到外围设备，通常用于控制信号灯、气动手爪、传送带和机床设备等的运行。

1. 机器人快换工具手动作信号

机器人快换工具手动作信号用于控制机器人快换工具手执行开合的动作，属于数字量输出信号。当机器人运动到工具抓取点时，控制系统将该信号置"1"并输出给快换工具手的控制电磁阀，电磁阀通电使快换工具手闭合抓取需要的吸盘工具。当机器人完成任务后，运动到吸盘工具放置点时，控制系统将该信号置"0"并输出给快换工具手的控制电磁阀，快换工具手打开从而放置吸盘工具。

2. 吸盘工具动作信号

机器人吸盘工具动作信号用于控制真空的开启和关闭动作，属于数字量输出信号。当机器人运动到工件抓取点时，控制系统将该信号置"1"并输出给吸盘工具的控制电磁阀，电磁阀通电使真空开启进行工件吸附。当机器人运动到工件放置点时，控制系统将该信号置"0"并输出给吸盘工具的控制电磁阀，吸盘工具真空关闭，放下工件。

任务反馈

通过学习布局安装工业机器人的工具及搬运模块，我了解了_____。

通过学习布局安装工业机器人的气路安装，我了解了_____。

通过学习机器人的 I/O 通信，我了解了_____。

在_____方面，我需要进一步巩固练习，加深学习。

任务 2.3　搬运机器人的操作编程

任务描述

　　根据搬运机器人的工作流程，使用 ABB IRB120 机器人采用快换工具手抓取吸盘工具进行搬运，分析指令，编写程序，调试运行，使机器人完成三角形工件的搬运码放，确保系统正常运行。

2.3.1　搬运机器人的工作流程

　　图 2-34 所示为搬运机器人的工作流程。

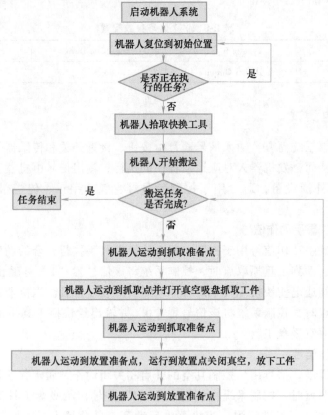

图 2-34　搬运机器人工作流程

2.3.2　搬运机器人常用的编程指令

1. 点到点运动指令

　　点到点运动指令用于机器人在对运动路径的精度要求不高、运动空间范围相对较大、不易发生碰撞的情况下，使机器人的工具中心点（TCP）从一个位置运动到另一个位置，两个位置之间的路径不一定是直线，但是可以避免机器人在运动过程中出现关节轴进入机械死点的问题。图 2-35 所示为点到点运动示意图。

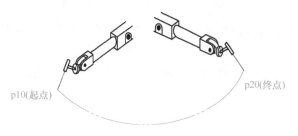

点到点运动指令
（MoveJ）

图 2-35 点到点运动示意图

（1）指令格式 点到点运动指令的格式如下：

MoveJ　　p20,　　v1000,　　z10,　　tool1　　\WObj：=wobj1；
❶　　　　❷　　　　❸　　　　❹　　　　❺　　　　❻

各参数含义见表 2-10。点到点运动指令的各参数可以通过示教器进行修改，以达到实际生产中的工艺要求。

表 2-10 点到点运动指令参数含义

标记	指令参数	含 义	说 明
❶	MoveJ	点到点运动指令	定义机器人的运动轨迹
❷	p20	目标点位置数据	定义机器人 TCP 的运动目标，可以在示教器中单击"修改位置"进行修改
❸	v1000	运动速度数据	定义速度，单位是 mm/s，一般最高限速为 5000mm/s
❹	z10	转弯区数据	定义转弯区的大小，单位是 mm。转弯区数值越大，机器人的动作路径就越圆滑、流畅
❺	tool1	工具坐标数据	定义当前指令使用的工具
❻	wobj1	工件坐标数据	定义当前使用的工件坐标

（2）点到点运动指令示例 机器人在进入工作路径之前和离开工作路径之后，其运动空间通常较大，对路径轨迹没有严格要求，运动速度相对要快且不产生机械死点。使用该指令完成空行程运动可提高生产率。例如，机器人从其他位置点回 home 点，或机器人从 home 点位置运动至接近工作路径位置点均可采用此指令。如图 2-36 所示为机器人 home 点运动轨迹，程序编写示例如下：

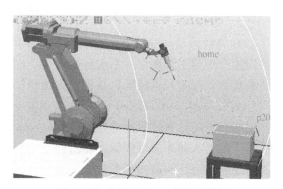

图 2-36 机器人 home 点运动轨迹

MoveJ　home, v1000, z50, tool1 \WObj：=wobj1；
MoveJ　p20, v1000, z10, tool1 \WObj：=wobj1；
……
MoveJ　home, v1000, z50, tool1 \WObj：=wobj1；

2. 直线运动指令

在需要机器人的运动轨迹是相对固定的直线轨迹时，工作范围内的运动空间有限，运动路径精度要求高，运动轨迹要求精准。直线运动指令可使机器人的工具中心点从起点到终点之间的路径始终保持为直线。在对路径要求较高的场合可使用此指令。图 2-37 所示为直线运动示意图。

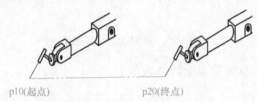

p10(起点)　　　　　p20(终点)

图 2-37　直线运动示意图

直线运动指令
（MoveL）

（1）指令格式　直线运动指令的格式如下：

MoveL　p20，　v1000，　z10，　tool1　\WObj：=wobj1；
❶　　　　❷　　　　❸　　　　❹　　　　❺　　　　　　　❻

各参数含义见表 2-11。

表 2-11　直线运动指令参数含义

标记	指令参数	含　义	说　明
❶	MoveL	直线运动指令	定义机器人的运动轨迹
❷	p20	目标点位置数据	定义机器人 TCP 的运动目标，可以在示教器中单击"修改位置"进行修改
❸	v1000	运动速度数据	定义速度，单位是 mm/s，一般最高限速为 5000mm/s
❹	z10	转弯区数据	定义转弯区的大小，单位是 mm。转弯区数值越大，机器人的动作路径就越圆滑、流畅
❺	tool1	工具坐标数据	定义当前指令使用的工具
❻	wobj1	工件坐标数据	定义当前使用的工件坐标

（2）直线运动指令示例　直线运动指令的各参数同样可以通过示教器进行修改，以达到实际生产中的工艺要求。在实际生产中，经常会遇到要求机器人的工具中心点完全到达指定目标位置，而不产生转弯区数据。则指令格式如下：

MoveL　p20，v1000，fine，tool1 \WObj：=wobj1；

此指令中的转弯区数据选择参数 fine，fine 是指机器人工具中心点在到达目标点时速度降为零。机器人动作有所停顿，然后向下一个目标点运动。如果是一段路径的最后一个点或者是封闭轨迹时，一般使用参数 fine。

（3）直线运动轨迹编程示例　图 2-38 所示为机器人运动轨迹。机器人从当前位置向 p1 点以直线运动的方式前进，速度为 200mm/s，转弯区数据是 10mm，即距离 p1 点 10mm 时开始转弯，方向转向 p2 点方向，以直线运动方式继续前进，速度

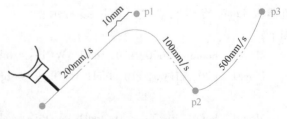

图 2-38　机器人运动轨迹

为 100mm/s，转弯区数据是 fine，即机器人在 p2 点稍作停顿，继续以点到点运动方式前进，速度为 500mm/s，转弯区数据是 fine，机器人在 p3 点停止。机器人在运动过程中使用工具坐标数据为 tool1，工件坐标数据为 wobj1。

机器人的示教程序如下：

MoveL　p1，v200，z10，tool1\WObj：=wobj1；
MoveL　p2，v100，fine，tool1\WObj：=wobj1；
MoveJ　p3，v500，fine，tool1\WObj：=wobj1；

3. 圆弧运动指令

圆弧路径是在机器人可到达的空间范围内定义三个位置点，第一个点是圆弧的起点，第二个点用于确定圆弧的曲率，第三个点是圆弧的终点。图 2-39 所示为圆弧运动示意图。

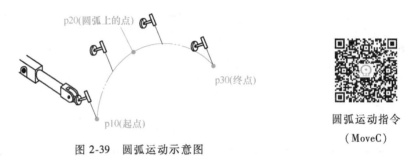

p20(圆弧上的点)
p30(终点)
p10(起点)

圆弧运动指令
（MoveC）

图 2-39　圆弧运动示意图

（1）指令格式　圆弧运动指令用于使机器人工具中心点沿圆弧路径运动至目标点。圆弧运动指令的格式如下：

MoveL　p10，v1000，z10，tool1 \WObj：=wobj1；
①

MoveC　p20，　p30，　v1000，　z10，　tool1　\WObj：=wobj1；
②　　③　　④　　⑤　　⑥　　⑦　　⑧

各参数含义见表 2-12。

表 2-12　圆弧运动指令参数含义

标记	指令参数	含　义	说　明
①	p10	目标点位置数据	机器人当前位置 p10 点作为圆弧的起点，可以在示教器中单击"修改位置"进行修改
②	MoveC	圆弧运动指令	定义机器人的运动轨迹
③	p20	目标点位置数据	p20 点为圆弧上的一点，可以在示教器中单击"修改位置"进行修改
④	p30	目标点位置数据	P30 点为圆弧的终点，可以在示教器中单击"修改位置"进行修改
⑤	v1000	运动速度数据	定义速度，单位是 mm/s，一般最高限速为 5000mm/s
⑥	z10	转弯区数据	定义转弯区的大小，单位是 mm。转弯区数值越大，机器人的动作路径就越圆滑、流畅
⑦	tool1	工具坐标数据	定义当前指令使用的工具
⑧	wobj1	工件坐标数据	定义当前使用的工件坐标

（2）圆弧运动指令示例　圆弧运动指令的各参数同样可以通过示教器进行修改，以达到实际生产中的工艺要求。由于圆弧运动轨迹的起点不在当前圆弧运动指令中，因此圆弧运动指令一般不作为运动轨迹编程中的第一条指令使用。在实际生产中，经常会遇到圆弧运动轨迹不是单独的一段，而是由多段圆弧组成，需要进行连续的圆弧轨迹运动。那么第二段圆弧的起点和上一段圆弧的终点可为同一个点。图 2-40 所示为连续圆弧运动轨迹示意图，程序编写示例如下：

```
MoveL    p10, v1000, z10, tool1 \WObj：＝wobj1；
MoveC    p20, p30, v1000, z10, tool1 \WObj：＝wobj1；
MoveC    p40, p50, v1000, z10, tool1 \WObj：＝wobj1；
```

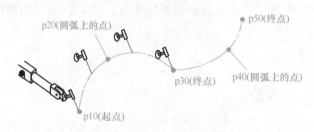

图 2-40　连续圆弧运动轨迹示意图

在此段圆弧运动轨迹中，第一段圆弧运动轨迹是从 p10 点起始，经 p20 点到达 p30 点结束；第二段圆弧运动轨迹是从 p30 点起始，经 p40 点到达 p50 点结束。

4. 绝对运动指令

在绝对运动指令中，机器人的运动可使用六个机器人轴和外部轴的角度值来定义目标位置数据。使用此指令时要注意机器人各轴的可能运动轨迹，避免发生碰撞。

常使用绝对运动指令使机器人的六个轴从当前位置回到机械零点（0°）的位置。

绝对运动指令
（MoveAbsJ）

（1）绝对运动指令格式　该指令可使机器人的各个关节轴运动至给定位置，运动路径为不确定轨迹。绝对运动指令的格式如下：

MoveAbsj　　　*　　\NoEOffs,　　v1000,　　z50,　　tool1　　\WObj:=wobj1;
❶　　　　　❷　　　❸　　　　　❹　　　　❺　　　❻　　　　　❼

各参数含义见表 2-13。

表 2-13　绝对运动指令参数含义

标记	指令参数	含　义	说　明
❶	MoveAbsj	绝对运动指令	定义机器人的运动轨迹
❷	*	目标点位置数据	定义机器人 TCP 的运动目标，可以在示教器中单击"修改位置"进行修改
❸	\NoEOffs	外轴不带偏移数据	
❹	v1000	运动速度数据	定义速度，单位是 mm/s，一般最高限速为 5000mm/s
❺	z50	转弯区数据	定义转弯区的大小，单位是 mm。转弯区数值越大，机器人的动作路径就越圆滑、流畅
❻	tool1	工具坐标数据	定义当前指令使用的工具
❼	wobj1	工件坐标数据	定义当前使用的工件坐标

（2）绝对运动指令示例 绝对运动指令的各参数同样可以通过示教器进行修改，以达到实际生产中的要求。在实际生产中，经常会遇到要求机器人的各个轴从当前的某一位置回到机械零点的位置。则指令格式如下：

PERS jointarget jpos10:= [[0,0,0,0,0,0],[9E+09,9E+09,9E+09,9E+09,9E+09,9E+09]];

MoveAbsj jpos10,v1000, z50, tool1 \WObj:= wobj1;

关节目标点数据中各关节轴为0°，则机器人将运行至各关节轴零点位置。

5. 置位、复位类指令

（1）数字量置位指令 数字量置位指令能够将数字量输出信号值置为1，实现对外部设备的通电控制。

1）指令格式。数字量置位指令的标准格式如下：

Set <signal>;

其中：Set 为置位指令；signal 为数字量输出信号名称。

2）指令示例。在机器人搬运工作站中，DO1 信号控制气动手爪电磁阀。机器人运动到吸盘工具抓取点 Ppick，电磁阀通电实现气动手爪抓取吸盘工具的程序如图 2-41 所示。

（2）数字量复位指令 数字量复位指令能够将数字量输出信号值置为0，与置位指令配合使用，可实现对外部设备的断电控制。

1）指令格式。数字量复位指令的标准格式如下：

Reset <signal>;

其中：Reset 为复位指令；signal 为数字量输出信号名称。

2）指令示例。DO2 信号控制气动手爪电磁阀。机器人运动到吸盘工具的放置点Pplace，电磁阀断电实现气动手爪放置吸盘工具的程序如图 2-42 所示。

图 2-41 程序示例（1）

图 2-42 程序示例（2）

2.3.3 搬运机器人的程序调试

（1）机器人程序组成 在 ABB 机器人编程中，RAPID 程序是由程序模块与系统模块组成的。程序模块用于构建机器人的程序，系统模块用于系统方面的控制。编程时可根据不同的用途创建多个程序模块，如主控制、位置计算和存放数据等。

程序结构及
调试运行

每一个程序模块包含程序数据、例行程序、中断程序和功能4种对象，但不一定在一个模块中同时有这4种对象。程序模块之间的程序数据、例行程序、中断程序和功能是可以互相调用的。在RAPID程序中，只有一个主程序main，它可置于任意一个程序模块中，作为整个RAPID程序执行的起点，控制机器人程序的流程。所有例行程序与数据无论存在于哪个模块，全部被系统共享。除特殊定义外，所有例行程序与数据的名称必须是唯一的。

（2）RAPID程序的基本框架　RAPID程序的基本架构见表2-14。

表2-14　RAPID程序的基本架构

RAPID程序			
程序模块			系统模块
程序模块（主模块）	程序模块1	程序模块2	
程序数据	程序数据	程序数据	程序数据
主程序main	例行程序	例行程序	例行程序
例行程序	中断程序	中断程序	中断程序
中断程序	功能	功能	功能
功能			

（3）查看机器人模块信息　在图2-43所示的ABB主界面中单击"程序编辑器"，进入查看机器人模块、例行程序信息的界面。

图2-44所示为程序信息界面。界面显示出系统上次已加载的例行程序信息。

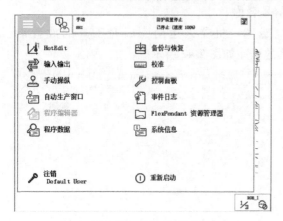

图2-43　ABB主界面

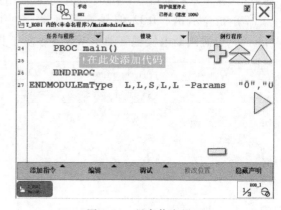

图2-44　程序信息界面

在图2-44所示界面中单击"模块"，可显示出当前系统已经存在的模块信息，如图2-45所示。

值得注意的是，除用户自己编写的程序模块外，所有ABB机器人都自带两个系统模块，user模块与BASE模块，根据机器人应用不同，有些机器人会配备相应应用的系统模块。建议不要对任何自动生成的系统模块进行修改。

在图2-45所示的模块信息界面，选择MainModule程序模块，单击"显示模块"，进入该模块内包含的例行程序的信息界面，如图2-46所示。

（4）查看机器人例行程序信息　一个程序模块中可包含不止一个例行程序，每一个例行程序都唯一存在于机器人系统内。

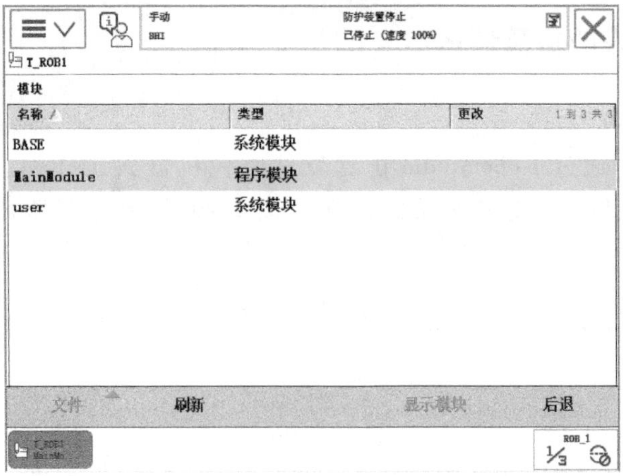

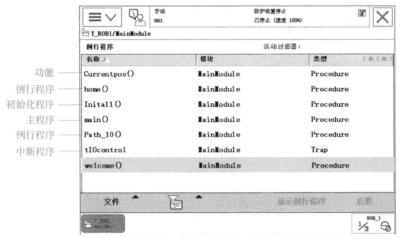

图 2-45　模块信息界面

图 2-46　例行程序信息界面

查看机器人例行程序信息时，在图 2-46 所示的例行程序信息界面选择要查看的例行程序名称 "home（）"，单击 "显示例行程序"，进入图 2-47 所示的例行程序界面。在图 2-46 所示的界面中单击 "后退"，即可返回模块信息界面。

图 2-47　例行程序界面

2.3.4 搬运机器人的仿真调试

搬运机器人
的仿真调试

1. 解包仿真工作站

如图 2-48 所示，通过 RobotStudio 仿真软件解包机器人工作站。选择"共享"→"解包"，依次完成工作站的解包。图 2-49 所示为解压后的工作站。

图 2-48　打开软件

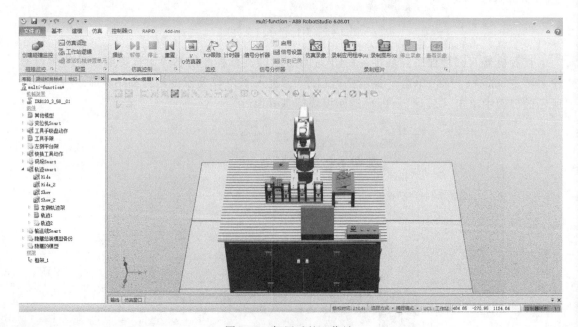

图 2-49　解压后的工作站

2. 仿真运行工作站

1）在图 2-49 所示的解压后的工作站界面，单击"I/O 仿真器"图标，打开图 2-50 所示的 I/O 仿真器。

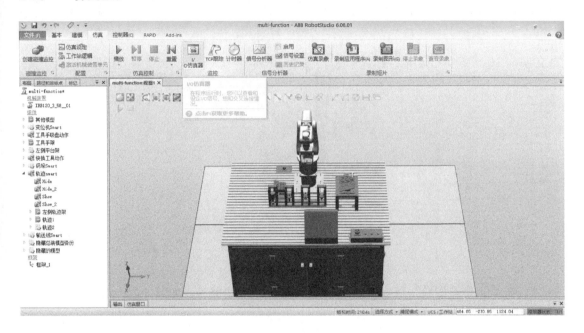

图 2-50 打开 I/O 仿真器

2）将"选择系统"选项卡调整为"工作站信号"，如图 2-51 所示。

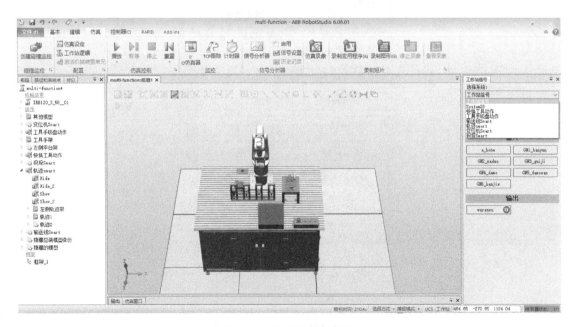

图 2-51 选择工作站信号

3）单击"播放"图标，如图 2-52 所示。

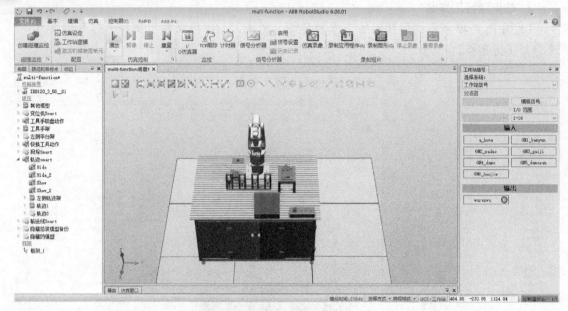

图 2-52　打开播放窗口

4）在"工作站信号"区域选择"GN1_banyun"启动信号，如图 2-53 所示。

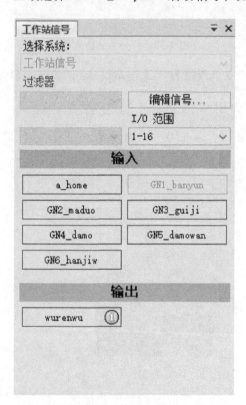

图 2-53　选择搬运工作站的启动信号

5）运行完成后，单击"停止"，如图 2-54 所示。

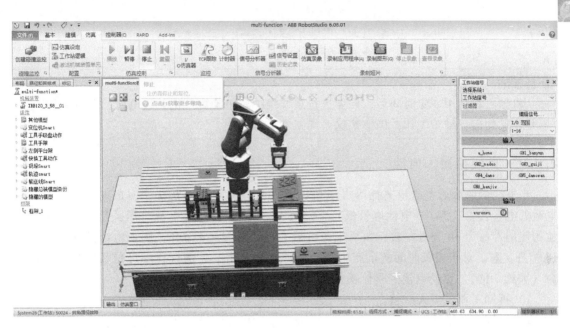

图 2-54　运行结束单击"停止"

6）单击"重置"下拉菜单，选择"初始状态"，如图 2-55 所示。此工作站中保存了一个工作站初始状态，此处复位至此状态。

图 2-55　运行结束复位

任务反馈

　　通过学习搬运机器人的工作流程，我了解了＿＿＿＿＿＿＿＿＿＿＿＿＿＿＿＿＿＿＿＿。

　　通过学习搬运机器人的常用编程指令，我了解了＿＿＿＿＿＿＿＿＿＿＿＿＿＿＿＿＿。

　　通过学习搬运机器人的程序及仿真调试，我了解了＿＿＿＿＿＿＿＿＿＿＿＿＿＿＿。

　　在＿＿＿＿＿＿＿＿＿＿＿＿＿＿＿＿＿＿＿＿＿＿＿方面，我需要进一步巩固练习，加深学习。

任务 2.4　工业机器人系统的运行维护

任务描述

　　机器人在使用一定时间后，需要进行系统维护。正确更换机器人电池、更新转数计数器是常见的运行维护工作，能够确保系统正常运行。

2.4.1　更换机器人电池

　　当电池的剩余后备电量离耗尽（工业机器人电源关闭）不足 2 个月的时间时，将显示电池低电量警告（38213 电池电量低）。通常，如果工业机器人电源每周关闭 2 天，则新电池的使用寿命为 36 个月左右；如果工业机器人电源每天关闭 16h，则新电池的使用寿命为 18 个月左右。对于较长时间的生产中断，通过电池关闭服务例行程序可延长电池的使用寿命（大约 3 倍）。更换电池的具体操作步骤如下：

　　1）拆卸工业机器人后盖。

　　2）拆卸电池组。

　　3）更换新电池组。

　　4）安装工业机器人后盖。

2.4.2　更新转数计数器

　　ABB IRB 120 工业机器人的 6 个关节轴都有一个机械原点位置，即各轴的零点位置。当因更换工业机器人电池组或其他原因导致原点数据丢失后，需要进行转数计数器更新，以便找回原点，具体操作步骤如下：

　　1）将机器人的 6 个轴都对准各自的机械原点标记。

　　2）单击工业机器人示教器左上角主菜单，选择校准。

　　3）单击"ROB_1"。

　　4）选择"更新转数计数器…"。

　　5）单击"是"。

　　6）单击"确定"。

　　7）单击"全选"，然后单击"更新"。

　　8）出现转数计数器更新警告界面，单击"更新"。

　　9）等待操作完成后，转数计数器更新完毕。

更新转数
计数器

　　转数计数器更新完成后，使用 MoveAbsJ 指令检查同步位置，具体操作步骤如下：

　　1）在 ABB 菜单中，单击"Program editor"（程序编辑器）。

　　2）创建新程序。

　　3）使用 Motion&Proc（动作与过程）菜单中的 MoveAbsJ 创建以下程序：

MoveAbsJ[[0,0,0,0,0,0],[9E+09,9E+09,9E+09,9E+09,9E+09,9E+09]] \NoEOffs, v1000, fine, tool0;

4）以手动模式运行程序。

5）检查各轴机械原点标记是否对齐，如果没有对齐，则重新更新转数计数器。

任务反馈

通过学习更换机器人电池，我了解了_____。

通过学习机器人更新转数计数器，我了解了_____。

在_____方面，我需要进一步巩固练习，加深学习。

考核评价

考核评价表

社会能力（30分）

序号	评价内容	评价要求	自评	互评	师评
1	纪律（无迟到、早退、旷课）（10分）	无违纪现象			
2	团结协作能力、沟通能力（10分）	能够进行有效合理的合作、交流			
3	搬运机器人的应用特点（5分）	能够描述常用的搬运机器人应用特点			
4	常用的搬运工具（5分）	能够描述常用的搬运工具			

操作能力（40分）

序号	评价内容	评价要求	自评	互评	师评
1	机器人系统安装（10分）	能进行工业机器人系统安装			
2	周边设备安装（10分）	能进行工业机器人周边设备安装			
3	机器人的操作调整（10分）	能进行工业机器人操作调整			
4	搬运轨迹的编程调试（5分）	能进行工业机器人编程调试			
5	机器人更新转数计数器的操作（5分）	能进行转数计数器更新			

发展能力（30分）

序号	评价内容	评价要求	自评	互评	师评
1	网络查询搬运机器人典型应用（10分）	能够使用网络工具进行资料查找、整理和表述			
2	搬运机器人系统的应用特点分析（5分）	能够分析搬运机器人系统的典型应用特点			
3	归纳更换机器人电池的方法（5分）	能够归纳总结电池故障处理的方法			
4	文档整理、成果汇报（10分）	能梳理学习过程，展示汇报学习成果			
综合评价					

拓展应用

布局安装搬运机器人工作站。完成图 2-56 所示的机器人本体系统及机械部分、电气部分等外围设备的安装布局。

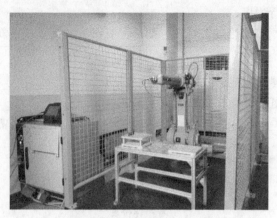

图 2-56　搬运机器人工作站

习题训练

分组实操，完成图 2-56 所示的搬运机器人工作站的安装。按照安全操作规程进行布局安装，完成具体操作步骤及内容表述。进行小组自评、各组互评和老师点评，反思总结，并填写工作任务评价表。

工作任务评价表

	搬运机器人工作站的安装				
序号	评价内容	评价要求	自评	互评	师评
1	工作站功能特点描述（10 分）	能合理描述工作站的功能特点			
2	工作站组成部分描述（10 分）	能合理描述工作站的组成部分特点			
3	机器人本体系统安装（15 分）	能进行机器人本体系统的安装			
4	机械部分布局安装（15 分）	能进行机械部分布局的安装			
5	电气部分布局安装（10 分）	能进行电气部分布局的安装			
6	工作台的布局安装（10 分）	能进行工作台布局的安装			
7	布局安装的操作步骤（10 分）	能撰写工作站布局安装的操作步骤			
8	安装注意事项归纳总结（10 分）	能归纳总结工作站的安装注意事项			
反思总结（10 分）					
综合评价					

项目3 码垛机器人系统的装调与故障诊断

学习目标+书证融通

	项目学习能力要求	1+X 证书标准要求
社会能力	能够描述常用的码垛机器人应用特点	—
	能够描述常用的码垛垛型特点	
操作能力	能够进行周边设备的安装调整	能进行工业机器人周边设备的安装调整
	能够进行码垛机器人的操作调整	能进行工业机器人的操作调整
	能够进行码垛机器人的垛型计算	能进行多工位码垛程序的编写
	能够进行垛型轨迹的编程调试	能进行工业机器人的编程调试
	能够进行机器人系统运行维护	能够进行机器人系统的日常保养与维护
发展能力	能够分析码垛机器人系统的典型应用特点	—
	能够归纳总结常见的故障处理方法	

项目引入

码垛机器人工作站在仓库存储环节尤为重要。码垛机器人工作站是智能柔性仓储系统的重要组成部分，通过末端执行器的快速更换以及程序的灵活调整，能根据实际情况完成工件不同垛型的码放。图 3-1 所示为码垛机器人。码垛机器人系统目前已经广泛应用于各种企业的智能仓储系统。

图 3-1　码垛机器人

本项目使用 ABB IRB120 机器人，采用快换工具手抓取吸盘工具进行圆形物料的搬运码放，如图 3-2 所示。码垛机器人工作站由以下几个部分组成：

1）机器人本体系统。

2）机器人工具快换装置。

3）货物输送装置。

4）货物搬运码垛设备。

码垛机器
人工作站
任务演示

具体的工作任务是：首先分析工作站的设备组成，安装调试工作站设备，系统参数配置，通电测试；接着进行机器人码垛任务的运动轨迹规划、指令分析、程序分析和编程调试；最后进行调试优化，完成物料码垛任务。

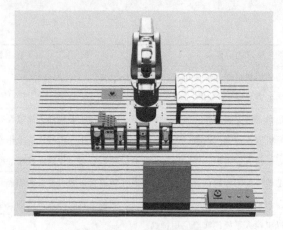

图 3-2 码垛机器人工作站

想想做做

> 实践是检验真理的唯一标准。

项目实施

码垛布局

任务 3.1 周边设备的安装调试

任务描述

根据现场提供的技术文件，安装码垛机器人的快换工具手及吸盘工具，进行码垛工作台模块等周边设备的机械、电气和气路连接，并进行系统测试，确保系统正常运行。

码垛机器人本体的安装过程可参考项目 2 的任务 2.1。本任务将完成码垛机器人的码垛工作台的布局安装。

3.1.1 布局安装码垛工作台模块

码垛工作台模块如图 3-3 所示，由铝型材支架和平面棋盘组成，与气动出库模块和变频输送带组合使用，可按预定程序将机器人搬运出库并经视觉检测的工件按颜色等信息进行码垛作业。安装位置参考图 2-3。码垛工作台的安装完成后如图 3-4 所示。

图 3-3 码垛工作台模块

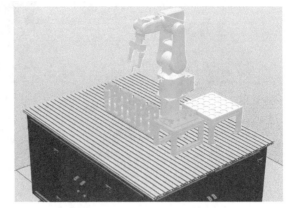

图 3-4 码垛工作台的安装位置

3.1.2 常用的搬运码垛工具

机器人在搬运货物的过程中,需要末端执行器对工件实现可靠夹持,以便机器人能够夹持货物沿着预设的轨迹运行。根据搬运的货物种类不同,目前主要有气动手爪、真空吸盘和齿形夹爪三种用于搬运类工作的机器人末端执行器。

1. 气动手爪

气动手爪依靠换向阀调整气缸中压缩空气的流向,由压缩空气推动活塞后,以活塞带动手指实现开合动作从而夹取工件,常用于夹取中小型机械产品。在实际使用过程中,根据所夹取工件的外形不同,可以选择图 3-5a 所示的平面型手指或图 3-5b 所示的 V 型手指。平面型手指适合夹取两个侧面为平行面的零件,V 型手指能够夹取轴类零件。

a) 平面型手指   b) V型手指

图 3-5 常见的气动手爪

2. 真空吸盘

真空吸盘依靠控制阀和气压管路在橡胶吸盘内部产生的真空负压吸附工件,其外形如图 3-6 所示。与气动手爪相比,图 3-6a 所示的单吸盘所能吸附的货物重量较小,吸附时的定位精度要求较低,能够吸附软性或者脆性材料,常用于药片、糖果以及袋装日用品等轻型产品的搬运工作。将多个真空负压吸盘组合构成阵列式真空吸盘,能够吸附具有表面积较大的曲面类零件,如汽车表面钢板、玻璃等,如图 3-6b 所示。

3. 齿形夹爪

齿形夹爪由气缸驱动四杆机构,实现两个齿形爪手的扣合运动,齿形爪手从底部抓取工

a) 单吸盘   b) 阵列式真空吸盘

图 3-6　真空吸盘

件并完成搬运工作，其外形如图 3-7 所示。齿形夹爪负载能力大，适合饲料、种子等农业及化工类袋装产品的搬运工作。需要注意的是，齿形夹爪在抓取和放置过程中，爪手的运动轨迹会超出工件下表面，因此常选用滚筒型输送链进行货物的输送作业。

驱动气缸 ——

凶形爪手 ——

a) 齿形夹爪外形   b) 工作状态的齿形夹爪

图 3-7　齿形夹爪

　　齿形夹爪闭合夹紧后，夹爪内部空间较小，难以充分发挥其负载能力强的特点。在齿形夹爪的基础上发展得到了平面夹板型夹爪，其外形如图 3-8 所示。平面夹板型夹爪工作时由

平面夹板 ——

齿形夹爪 ——

a) 平面夹板型夹爪外形   b) 工作状态的夹板型夹爪

图 3-8　平面夹板型夹爪

气缸推动两块平面夹板从侧面压紧货物并将货物缓慢提升，提升货物的同时由气缸推动齿形爪手扣住货物底部，从而实现货物的抓取及搬运工作。平面夹板型夹爪能够与普通的带传动输送线配合工作，适用于箱式货物的搬运工作。

3.1.3 码垛机器人的I/O配置

码垛机器人工作站系统采用 ABB 机器人标配的 DSQC 652 I/O 通信板卡，该型号的 I/O 通信板卡包含数字量的 16 个输入和 16 个输出。此 I/O 单元的相关配置需要在 DeviceNet Device 中设置。DeviceNet Device 板参数配置见表 3-1。

表 3-1　DeviceNet Device 板参数配置

Name	Type of Device	Network	Address
Board10	D652	DeviceNet1	10

表 3-2 列出了码垛工作站的 I/O 信号参数配置，有 1 个数字输出信号 do_gripper，用于控制快换工具张合。

表 3-2　I/O 信号参数配置

Name	Type of Signal	Assigned to Device	Device Mapping
do_gripper	Digital Output	Board10	0

任务反馈

通过学习布局安装码垛工作台模块，我了解了＿＿＿＿＿＿＿＿＿＿＿＿＿＿＿＿＿＿。

通过学习常用的搬运码垛工具，我了解了＿＿＿＿＿＿＿＿＿＿＿＿＿＿＿＿＿＿＿。

通过学习码垛机器人的 I/O 配置，我了解了＿＿＿＿＿＿＿＿＿＿＿＿＿＿＿＿＿。

在＿＿＿＿＿＿＿＿＿＿＿＿＿＿＿＿＿＿＿＿＿方面，我需要进一步巩固练习，加深学习。

任务 3.2　码垛机器人的操作调整

任务描述

根据码垛机器人的工作特点，要求能够进行机器人系统的基本操作，完成工作站的吸盘工具坐标、码垛工作台的工件坐标设定，确保搬运工作顺利完成。

3.2.1 码垛机器人的基础参数

1. 机器人常用的坐标系

在工业机器人的操作、编程和运行时，坐标系具有重要的意义。机器人常用坐标系有大地坐标系、基坐标系、工件坐标系、工具坐标系。各个坐标系特征见表 3-3。

机器人坐标系

机器人坐标系相关位置如图 3-9 所示。

表 3-3　机器人常见坐标系

名称	图标	位　置	坐标描述
大地坐标		可自由定义	一般坐标系，包括 X、Y、Z 三个轴。一般用于表示机器人的位置
基坐标		固定于机器人底座中心点	机器人自身的坐标系，坐标原点在机器人的底座中心
工具坐标		可自由定义	机器人相对于工件的坐标系，原点一般在工具中心
工件坐标		可自由定义	其坐标原点和坐标轴方向可根据加工工件的实际情况来确定，主要在机器人手动操纵和编程过程中使用
轴坐标		固定于机器人各轴	机器人的各个轴自身的旋转和双方向摆动

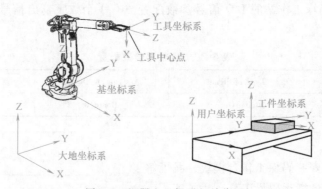

图 3-9　机器人坐标系相关位置

2. 机器人坐标系的切换

在机器人手动操纵过程中，切换坐标系的操作步骤如下：

1）在 ABB 主界面中，单击"手动操纵"，如图 3-10 所示。

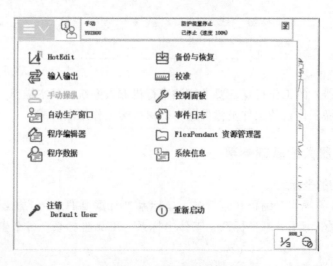

图 3-10　手动操纵选择

2）在"手动操纵"界面中，单击"坐标系"，进入坐标系选择界面，如图 3-11 所示。

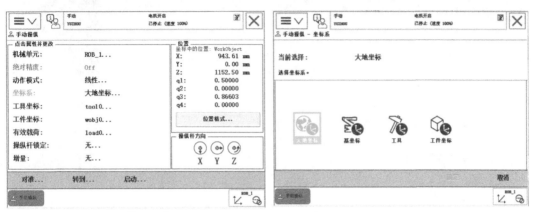

a) 单击"坐标系"　　　　　　　　　　　　　　b) 坐标系选择界面

图 3-11　坐标系选择

3）在图 3-11b 所示的界面中，选择需要的坐标系类型后单击"确定"，就完成了坐标系切换的操作。

3. 机器人动作模式切换

机器人动作模式对于坐标系的切换有一定的限制。单轴运动模式下，不允许切换坐标系。线性运动和重定位模式下，可以切换所有的坐标系。

机器人常见的动作模式有：单轴运动、线性运动和重定位。

（1）单轴运动　使用示教器上的操纵杆分别操纵机器人本体上的 6 个关节轴的运动被称为单轴运动。单轴运动常用于机器人的安装与调试过程，尤其在机器人进入奇异点或者危险位置的情况下。

（2）线性运动　线性运动是指通过机器人的多轴联动，使机器人的 TCP 沿直线进行运动。在线性运动时，选定的坐标系将直接决定机器人的运动方向。

（3）重定位　重定位是指通过机器人的多轴联动，使机器人的 TCP 在空间中绕工具坐标系的各坐标轴旋转，此时 TCP 的空间位置并不移动。重定位常用于机器人绕着工具坐标系做姿态的调整以及工具定向。

（4）动作模式的选择　在"手动操纵"界面中单击"动作模式"，进入如图 3-12 所示的动作模式选择界面。根据机器人的运动需求选择合适的动作模式后，单击"确定"。例如选择图标"轴 1-3"或者"轴 4-6"，可以分别实现轴 1~3 和轴 4~6 的单轴操纵。

（5）动作模式快捷切换　使用示教器上的硬按钮可在手动操纵过程中快速地切换动作模式。快捷切换硬按钮如图 3-13 所示。

（6）操纵杆的使用　在"手动操纵"界面的右下角，"操纵杆方向"功能用于提示操作者在当前动作模式下，操纵杆移动方向与机器人运动方向之间的对应关系。图 3-14 所示的单轴运动方向指示界面为单轴 1~3 运动模式，操纵杆向右、向下、顺时针方向旋转将分别实现机器人 1 轴、2 轴、3 轴的正向旋转运动。图 3-15 所示的线性运动方向指示界面为线性运动模式，操纵杆向下、向右、逆时针方向旋转将分别实现机器人 TCP 沿着选定坐标系的 X、Y、Z 三个坐标轴的正方向直线运动。

图 3-12　动作模式选择界面

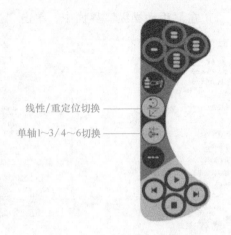

图 3-13　示教器快捷切换硬按钮

图 3-14　单轴运动方向指示界面

图 3-15　线性运动方向指示界面

3.2.2　创建吸盘工具的坐标

创建吸盘的
工具坐标

搬运码垛经常用到吸盘工具。在设定吸盘工具坐标时经常采用直接输入法。如图 3-16 所示的吸盘工具，质量为 1kg，重心沿默认 tool0 的 Z 轴正方向偏移 120mm，TCP 设在吸盘的接触面上，沿默认 tool0 上的 Z 轴正方向偏移了 208mm。

下面介绍创建工具坐标的步骤。

1. 创建新的工具坐标项目

首先在 ABB 主界面，单击"手动操纵"，进入如图 3-17 所示的坐标选择界面。

单击"工具坐标"，进入如图 3-18 所示的新建工具坐标界面。

单击图 3-18 所示界面中的"新建 ..."，打开图 3-19 所示的创建工具坐标界面。在此界面中，对工具数据进行设定，输入新创建的工具坐标的名称，选择适用范围、存储类型和适用模块等信息。

图 3-16　吸盘工具

2. 选择定义 TCP 的方法

创建工具坐标的信息确认完毕，单击"确定"。进入如图 3-20 所示的定义 TCP 选择界面。

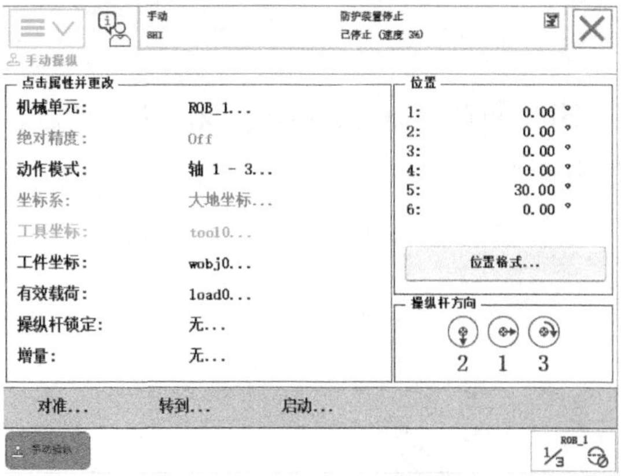

图 3-17 坐标选择界面

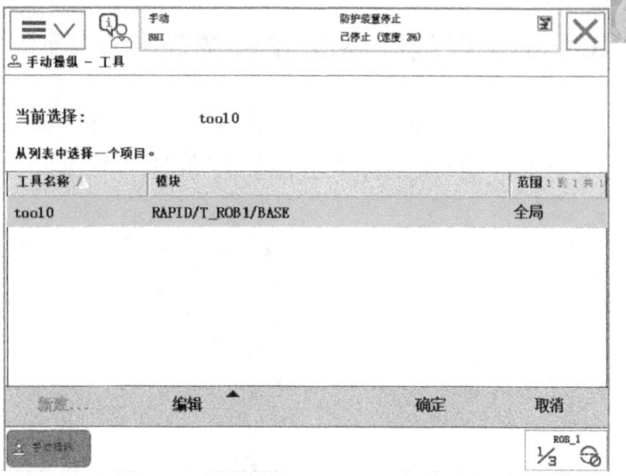

图 3-18 新建工具坐标界面

图 3-19 创建工具坐标界面

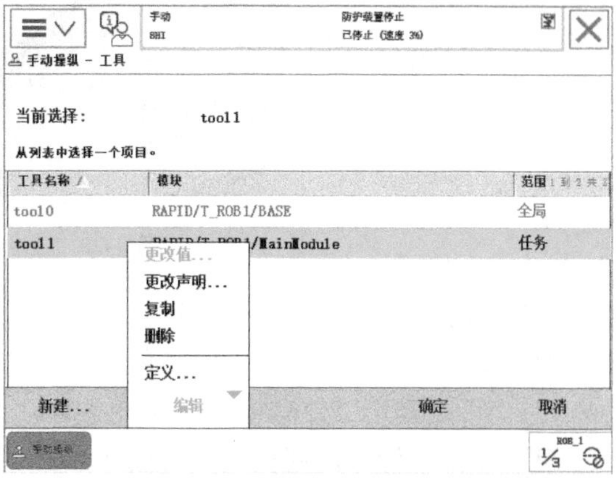

图 3-20 定义 TCP 选择界面

在定义 TCP 选择界面，打开"编辑"菜单，选择"更改值..."，进入如图 3-21 所示的 TCP 参数输入界面。

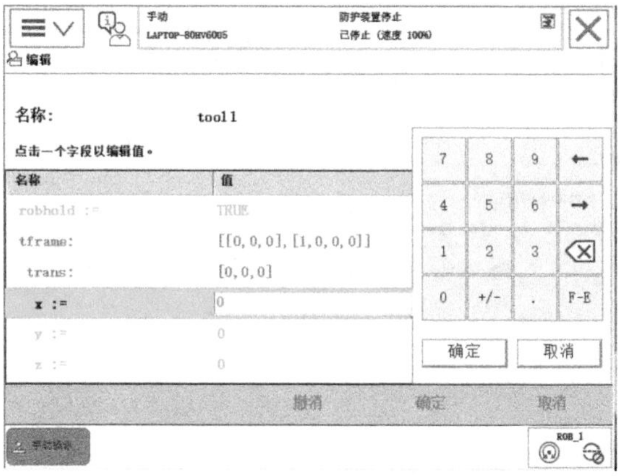

图 3-21 TCP 参数输入界面

在此界面直接输入 TCP 的坐标值（x，y，z）。使用下拉箭头，找出对应重心和重量参数的输入位置，输入相关的参数，单击"确定"，就完成了吸盘类工具坐标设定。

3.2.3 创建码垛工作台的工件坐标

工件坐标是设定在工作平面上的坐标系。在工作对象的平面上，通过定义 3 个点可建立一个工件坐标。工件坐标设定的原理如图 3-22 所示，其确定方式如下：

图 3-22 工件坐标设定原理图

1）X1 点确定工件坐标的原点。

2）X1、X2 点确定工件坐标的 X 轴正方向。

3）Y1 点确定工件坐标的 Y 轴正方向。

4）工件坐标方向遵循右手定则。

1. 创建新的工件坐标项目

首先在 ABB 主界面，单击"手动操纵"，进入坐标选择界面，单击"工件坐标"选项，进入如图 3-23 所示的新建工件坐标界面。

在图 3-23 所示界面中单击"新建..."，打开如图 3-24 所示的创建工件坐标界面。在此

创建码垛
工作台的
工件坐标

图 3-23 新建工件坐标界面

界面可对工件数据进行设定，输入新创建的工件坐标的名称，选择适用范围、存储类型和适用模块等信息。

2. 选择定义工件坐标的方法

创建工件坐标的信息确认完毕，单击"确定"。进入如图 3-25 所示的定义工件坐标选择界面。

图 3-24 创建工件坐标界面 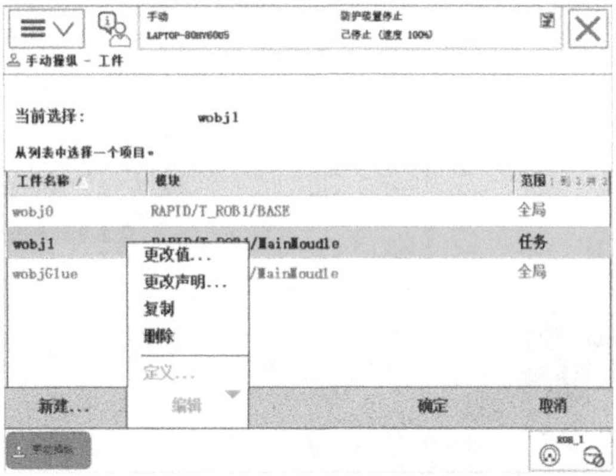 　　　　　　图 3-25 定义工件坐标选择界面

在图 3-25 所示的界面中选中需要定义的"工件坐标"，单击"编辑"，在弹出的菜单中选择"定义 ..."，进入如图 3-26 所示的工件坐标定义界面。

在"用户方法"下拉菜单中选择工件坐标设定的方法，此处选择"3 点"，即使用 3 点法进行工件坐标的设定。

3. 定义工件坐标

首先手动操作机器人使工具参考点以图 3-27a 所示的位姿靠近定义工件坐标的 X1 点，然后在如图 3-28 所示的工件坐标定义界面中选择"用户点 X1"，单击"修改位置"，记录下此点的位置信息，第一个点定义完成。

图 3-26 工件坐标定义界面

接着，手动操作机器人使工具参考点以图 3-27b 所示的位姿靠近定义工件坐标的 X2 点，在图 3-28 所示的界面中选择"用户点 X2"，单击"修改位置"，记录下此点的位置信息，第二个点定义完成。

手动操作机器人使工具参考点以图 3-27c 所示的位姿靠近定义工件坐标的 Y1 点，在图 3-28 所示的界面中选择"用户点 Y1"，单击"修改位置"，记录下此点的位置信息，第三个点定义完成。

三个点定义完成后，单击"确定"。进入如图 3-29 所示的工件坐标信息确认界面。单击"确定"，返回至图 3-25 所示的定义工件坐标选择界面。

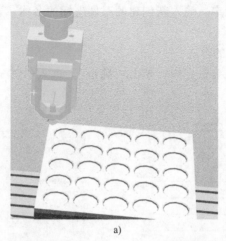

a)

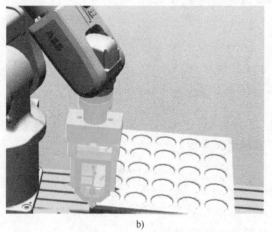

b)

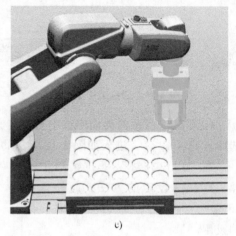

c)

图 3-27　3 个点的设定位置

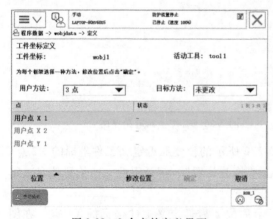

图 3-28　3 个点的定义界面

图 3-29　工件坐标信息确认界面

4. 验证工件坐标

工件坐标设定完成后，需要对其方向进行验证，在图 3-30 所示的工件坐标操作界面中进行验证。动作模式选择"线性"，坐标系选择"工件坐标"，工件坐标选择需要验证的工

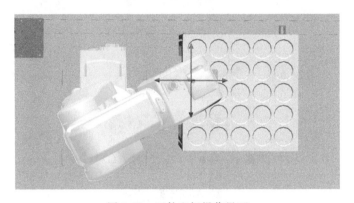

图 3-30 工件坐标操作界面

件坐标"wobj1",手动操作机器人做线性运动,即沿各轴运动,可以看到工具参考点会沿着新定义的工件坐标做线性运动。

任务反馈

通过学习码垛机器人的基础参数,我了解了_____。

通过学习创建吸盘工具的坐标,我了解了_____。

通过学习创建码垛工作台的工件坐标,我了解了_____。

在_____方面,我需要进一步巩固练习,加深学习。

任务 3.3 码垛机器人的编程调试

任务描述

根据码垛机器人的工作流程,使用 ABB IRB120 机器人采用快换工具手抓取吸盘工具进行码垛,分析指令,计算垛型,编写程序,调试运行,让机器人完成圆柱形工件的垛型码放,确保系统正常运行。

Industrial Robot

3.3.1 码垛机器人的工作流程

根据现场货物存放位置和码垛工艺需求，完成指定工件的垛型码放。图 3-31 所示为码垛机器人工作流程图。

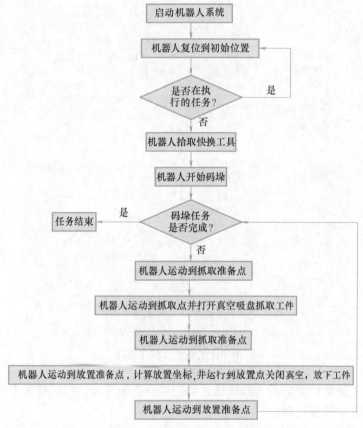

图 3-31　码垛机器人工作流程图

3.3.2 码垛机器人常用的编程指令

1. 赋值指令

"：="赋值指令用于对程序数据进行赋值。赋值可以是一个常量或数学表达式。

赋值指令

（1）常量赋值　常量赋值是指将固定的常量值进行赋值，可以是数字量、字符串和布尔量等。例如：将常量数字"5"进行赋值。图 3-32 所示为赋值指令选择界面。

单击"：="赋值指令进入如图 3-33 所示的赋值指令参数设定界面。

单击"更改数据类型…"，进入如图 3-34 所示的数据类型选择界面，选择 num 数字型数据。

在列表中找到"num"并选中，然后单击"确定"。数据类型选择完毕，返回如图 3-33 所示的赋值指令参数设定界面。此时可以通过单击"新建"进行赋值数据名称的创建，也可以选择使用现有的数据名称，如选择现有的赋值数据名称"reg1"，如图 3-35 所示。

图 3-32　赋值指令选择界面

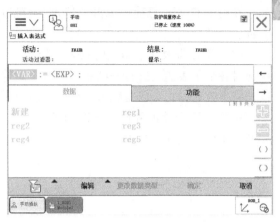

图 3-33　赋值指令参数设定界面

图 3-34　数据类型选择界面

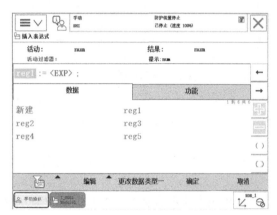

图 3-35　赋值数据名称选择界面

选中赋值语句的表达式部分"<EXP>"，此时"<EXP>"显示为蓝色高亮，打开"编辑"菜单，选择"仅限选定内容"，如图 3-36 所示。

进入软键盘打开界面，通过软键盘输入数字"5"，然后单击"确定"，完成数字赋值，如图 3-37 所示。

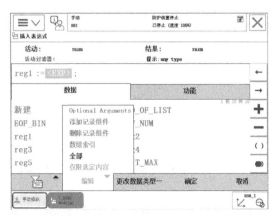

图 3-36　赋值操作界面

图 3-37　赋值完成界面

在图 3-37 所示界面中单击"确定",可以看到赋值指令语句行已经添加成功,如图 3-38 所示。

(2)添加带数学表达式的赋值语句指令 带数学表达式的赋值语句指令可以在表达式内部对各个子表达式进行一些相关的数学运算,最终以计算结果进行赋值。每个子表达式可以是数字常量,也可以是赋值。例如:将数学表达式"reg1+4"赋值给"reg2"。

在图 3-38 所示的界面中再次选择":="赋值指令,进行 reg2 的赋值操作。进入如图 3-39 所示的赋值操作界面。

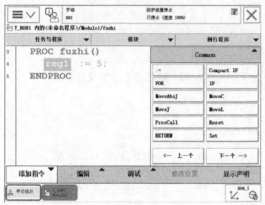

图 3-38　赋值语句行界面

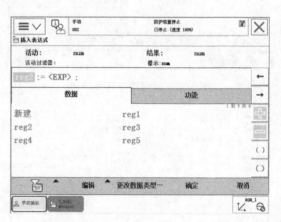

图 3-39　赋值操作界面

选中"<EXP>",显示为蓝色高亮。接着选择"reg1",再单击"+"按钮,添加另一个表达式"<EXP>",出现如图 3-40 所示的两个表达式界面。

选中第二个表达式"<EXP>",显示为蓝色高亮,同时打开"编辑"菜单,选择"仅限选定内容",如图 3-41 所示。

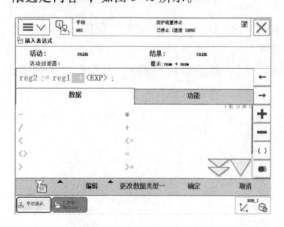

图 3-40　两个表达式界面

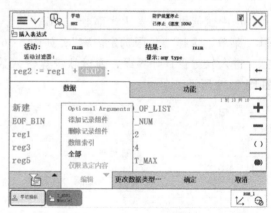

图 3-41　第二个表达式赋值操作界面

进入软键盘打开界面,通过软键盘输入数字"4",然后单击"确定",完成数字赋值,如图 3-42 所示。

在图 3-42 所示的界面中单击"确定",可以看到赋值指令语句行已经添加成功,如图 3-43 所示。

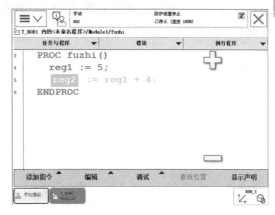

图 3-42 赋值完成界面   图 3-43 数学表达式赋值语句行界面

（3）查看赋值结果　赋值完成后，执行程序。在 ABB 主界面，单击"程序数据"，进入如图 3-44 所示的程序数据查看界面。

选择数据类型"num"，单击"显示数据"，可以看到如图 3-45 所示的赋值语句执行完后的赋值情况。

图 3-44 程序数据查看界面   图 3-45 赋值语句执行完后的赋值情况

2. 偏移指令

偏移功能"Offs"的作用是基于位置目标点的某一个方向上进行相应的偏移。

偏移指令

（1）赋值偏移　该指令使用时需要先对其进行赋值，然后编写运动指令程序。例如：

p20：=Offs（p10，100，200，300）

该指令行的含义为：p20 点为相对于 p10 点在 X 方向偏移 100mm，Y 方向偏移 200mm，Z 方向偏移 300mm。

首先在添加指令界面进行赋值指令的添加，单击"：="赋值指令，进入赋值指令参数设定界面（图 3-33），单击"更改数据类型…"，进入如图 3-46 所示的数据类型选择界面，选择"robtarget"数据类型，然后单击"确定"。

返回到图 3-35 所示的界面，单击"新建"，进入如图 3-47 所示的新建数据界面。再使用软键盘，输入新建的数据名称"p20"，存储类型选择"变量"。单击"确定"，进入如图3-48所示的数据表达式创建界面。

图 3-46　数据类型选择界面

图 3-47　新建数据界面

单击"功能"标签，打开图 3-49 所示的功能选择界面。

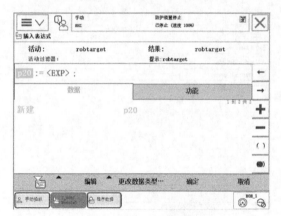

图 3-48　数据表达式创建界面

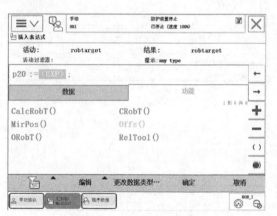

图 3-49　功能选择界面

选择"Offs（）"，进入如图 3-50 所示的 Offs（）参数编辑界面。

对于 Offs（）参数编辑，第一个<EXP>位置，选择偏移的基准点"p10"。然后选中第二个表达式<EXP>，单击"编辑"打开菜单，选中"仅限选定内容"，打开软键盘输入界面，输入基于基准点 p10 的 X 方向偏移"100"，然后单击"确定"。

同样，输入基于基准点 p10 的 Y 方向偏移"200"，然后单击"确定"。输入基于基准点 p10 的 Z 方向偏移"300"，然后单击"确定"。

偏移量输入完毕后，单击"确定"，进入图 3-51 所示的 Offs（）语句行界面。

（2）运动指令中直接偏移　赋值偏移需要创建两条指令行，容易理解。为了提升程序执行速度，可以在运动指令中直接对其进行偏移。例如：

MoveL Offs（p10, 100, 200, 300）, v1000, z50, tool0;

该指令行的含义同样为 p20 点相对于 p10 点在 X 方向偏移 100mm，Y 方向偏移 200mm，Z 方向偏移 300mm。

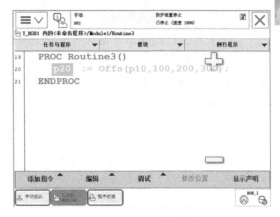

图 3-50　Offs（）参数编辑界面　　　　　　图 3-51　Offs（）语句行界面

在添加指令界面添加直线运动指令 MoveL，单击图 3-52 所示的运动指令界面中的目标点" * "，进入图 3-53 所示的运动指令功能选择界面。单击"功能"标签，界面显示出功能各个选项。

图 3-52　运动指令界面　　　　　　　　图 3-53　运动指令功能选择界面

选择"Offs"，进入如图 3-54 所示的 Offs（）参数编辑界面。参照赋值偏移的参数输入过程，依次完成基准点和各个偏移量的输入。单击两次"确定"，完成运动指令偏移功能编程，如图 3-55 所示。

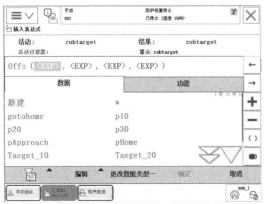

图 3-54　Offs（）参数编辑界面　　　　　图 3-55　运动指令偏移功能语句行界面

3. FOR 重复执行判断指令

FOR 重复执行判断指令适用于一个或多个指令需要重复执行数次的情况。

例如，赋值语句 num1：= num1 + 1，累计重复执行 10 次。在添加指令界面中选择 Prog. Flow 指令集，如图 3-56 所示，选择指令 "FOR"，进入如图 3-57 所示的 FOR 指令参数编辑界面。

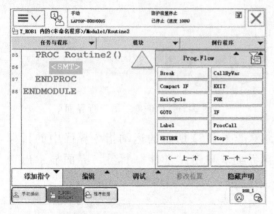 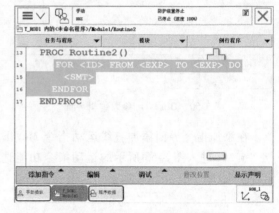

图 3-56　选择 Prog. Flow 指令集　　　　图 3-57　FOR 指令参数编辑界面

依次单击 FOR 语句行中的参数进行设置，如图 3-58 所示。

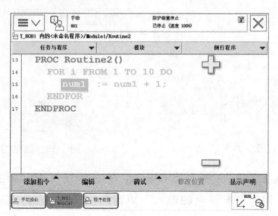

图 3-58　FOR 语句行界面

3.3.3　码垛机器人的编程调试

1. 码垛垛型

码垛垛型是指码垛时工件堆叠的方式，即工件按一定规律整齐、平稳地码放在放置平台上的码放样式。重叠式堆垛是生产中常见的码放样式，经常有一维重叠（X 方向、Y 方向或 Z 方向）、二维重叠（XY 平面、YZ 平面或 XZ 平面）和三维重叠（XYZ 三维空间）。

2. 工件抓取位置计算

码垛机器人从指定的空间位置 1 行 3 列 3 层上进行工件搬运。抓取工件位置如图 3-59 所示。假定 1、2、3 号工件为第 1 层，4、5、6 号工件为第 2 层，7、8、9 号工件为第 3 层，则第 n 号工件对应的行数为 PickRow，列数为 PickCol，垂直层数为 PickVer。选取抓取 1 号工件的位置为基准位置，则其 X、Y、Z 方向的偏移值为 PickOffsX、PickOffsY、PickOffsZ。

在工件抓取位置计算中可以从 0 开始计数，即工件号为 0~8，行数为 0~2，列数为 0~2，层数为 0~2。则第 n 号工件对应抓取的行、列、层及相应偏移值的计算方式如图 3-60 所示。

图 3-59 抓取工件位置

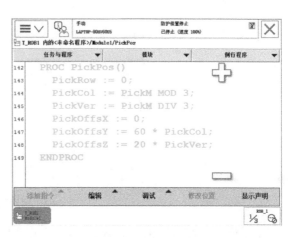

图 3-60 抓取工件位置行、列、层计算

3. 工件放置位置计算

工件按照 3 行 3 列 1 层的位置进行规则码放，如图 3-61 所示。在工件放置过程中，假定 1、2、3 号工件为第 1 行，4、5、6 号工件为第 2 行，7、8、9 号工件为第 3 行，则第 n 号工件对应的行数为 PutRow，列数为 PutCol，垂直层数为 PutVer。选取放置 1 号工件的位置为基准位置，则其 X、Y、Z 方向的偏移值为 PutOffsX、PutOffsY、PutOffsZ。

在工件放置位置计算中也从 0 开始计数，即工件号为 0~8，行数为 0~2，列数为 0~2，层数为 0~2。则第 n 号工件对应放置的行、列、层及相应偏移值的计算方式如图 3-62 所示。

图 3-61 放置工件位置

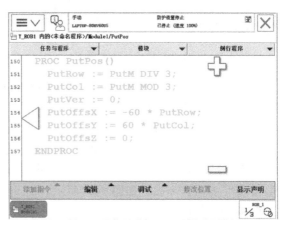

图 3-62 放置工件位置行、列、层计算

4. 创建码垛机器人程序模块

创建程序模块首先要进入机器人程序编辑器，在 ABB 主界面单击"程序编辑器"，进入程序信息界面。界面显示出系统上次已加载的例行程序信息。在此界面中单击"模块"，

进入模块信息界面，可以开始创建新的模块信息。

单击图 3-63 所示界面中的"文件"，出现上拉菜单信息，这里选择"新建模块…"，进入如图 3-64 所示的创建模块提示信息界面。

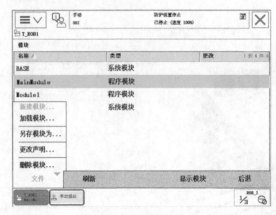

新建程序模块

图 3-63　创建模块窗口

如果继续创建新模块，则单击"是"，进入图 3-65 所示的创建模块信息输入界面。

图 3-64　创建模块提示信息界面　　　　　图 3-65　创建模块信息输入界面

单击"ABC…"打开软键盘，输入新建模块的名称，如"Module2"，同时选择创建的模块类型为程序模块类型，即"Program"。然后单击"确定"，新模块创建完成。创建的新模块界面如图 3-66 所示。

值得注意的是，模块名称应以字母开头，可包含字母、数字，总长度不大于 12 个字符。

在图 3-66 所示的界面中选中模块"Module2"，单击"显示模块"，进入模块"Module2"的信息界面，如图 3-67 所示。

5. 创建例行程序

（1）创建例行程序"Routine"　在新建的模块"Module2"中创建例行程序"Routine"。在图 3-67 所示的界面中单击"文件"，打开如图 3-68 所示的新建例行程序的界面。

在图 3-68 所示的界面中选择"新建例行程序"，进入如图 3-69 所示的例行程序参数选择界面。

创建例行程序

图 3-66　创建的新模块界面

图 3-67　模块"Module2"的信息界面

图 3-68　新建例行程序的界面

图 3-69　例行程序参数选择界面

单击"ABC…"打开软键盘，输入例行程序的名称。例行程序名称可以在系统保留字段之外自由定义，但是不可与模块名称重复，命名以字母开头，由字母和数字组成，最长不超过 12 个字符。

在"类型"下拉列表中有"程序""功能"和"中断"三个选项，可根据创建的程序类型进行选择。

同样，此处可以对创建的例行程序隶属于哪个模块进行选择。

各参数选择完成后，单击"确定"，进入例行程序创建完成界面，如图 3-70 所示。

（2）示教编程　在图 3-70 所示的界面中双击新创建的例行程序的名称，或单击"显示例行程序"，就可以打开该例行程序编程界面进行编程操作，如图 3-71 所示。

在编程界面中选中"<SMT>"位置，单击"添加指令"，就可打开添加指令界面，进行指令添加了，如图 3-72 所示。

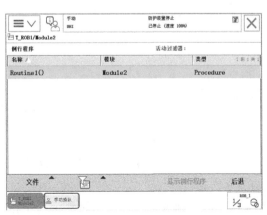

图 3-70　例行程序创建完成界面

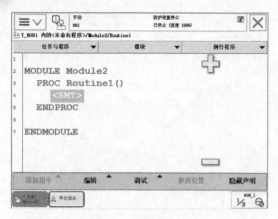

图 3-71 编程界面

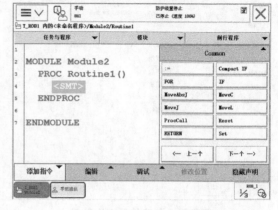

图 3-72 添加指令界面

3.3.4 码垛机器人的仿真调试

1. 解包码垛仿真工作站

如图 3-73 所示，通过 RobotStudio 仿真软件解包机器人工作站。选择"共享"→"解包"，依次完成工作站的解包。图 3-74 所示为解压后的工作站。

解包码垛仿真工作站

图 3-73 打开软件

2. 仿真运行工作站

1）在图 3-74 所示的解压后的工作站界面，单击"I/O 仿真器"图标，打开图 3-75 所示的 I/O 仿真器。

2）将"选择系统"选项卡调整为"工作站信号"，如图 3-76 所示。

3）单击"播放"图标，如图 3-77 所示。

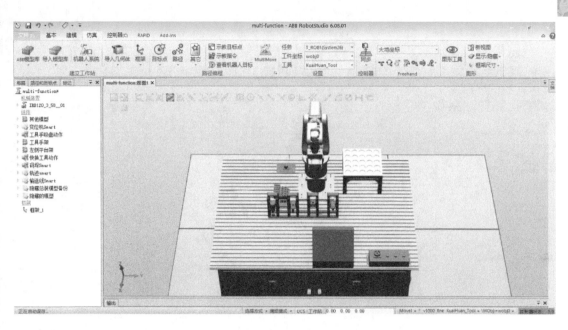

图 3-74　解压后的工作站

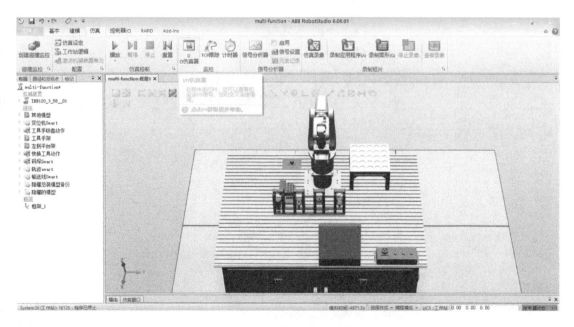

图 3-75　打开 I/O 仿真器

4）在"工作站信号"区域选择"di_qidong"启动信号，如图 3-78 所示。

5）运行完成后，单击"停止"，如图 3-79 所示。

6）单击"重置"下拉菜单，选择"初始状态"，如图 3-80 所示。此工作站中保存了一个工作站初始状态，此处复位至此状态。

图 3-76 选择工作站信号

图 3-77 打开播放窗口

图 3-78　选择码垛工作站的启动信号

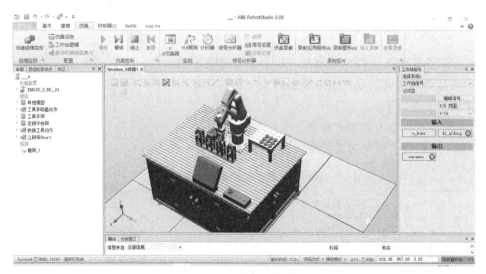

图 3-79　运行结束单击"停止"

图 3-80　运行结束复位

任务反馈

通过学习码垛机器人的工作流程，我了解了＿＿＿＿＿＿＿＿＿＿＿＿＿＿＿＿＿＿＿＿＿＿。

通过学习码垛机器人的常用编程指令，我了解了＿＿＿＿＿＿＿＿＿＿＿＿＿＿＿＿＿＿＿。

通过学习码垛机器人的程序及仿真调试，我了解了＿＿＿＿＿＿＿＿＿＿＿＿＿＿＿＿＿＿。

在＿＿＿＿＿＿＿＿＿＿＿＿＿＿＿＿＿＿＿＿＿＿＿＿＿方面，我需要进一步巩固练习，加深学习。

任务 3.4　工业机器人系统的运行维护

任务描述

机器人在使用一定时间后需要进行系统维护，正确地日常维护机器人、更换机器人的润滑油是常见的维护工作之一，能够确保系统正常运行。

3.4.1　日常维护机器人

必须对工业机器人进行定期维护，以确保其功能正常以及较长的正常运行时间。务必定期清洁，清洁的时间间隔取决于工业机器人工作的环境。

日常维护步骤如下：

1）关闭工业机器人的所有电源。

2）对工业机器人进行日常检查。检查项目及要求见表3-4。

表 3-4　日常检查项目及要求

序号	检查项目	要求	方式
1	工业机器人本体及控制柜是否清洁,四周是否无杂物	无灰尘异物	擦拭
2	是否保持通风良好	清洁无污染	测
3	示教器屏幕显示是否正常	显示正常	看
4	示教器控制是否正常	正常控制工业机器人	试
5	安全防护装置是否运作正常,急停按钮是否正常等	安全装置运作正常	测试
6	气管、接头和气阀有无漏气	密封性完好,无漏气	听、看
7	电动机运转声音是否正常	无异常声响	听

3.4.2　定期维护保养机器人

机器人定期维护保养间隔取决于工业机器人的操作周期、工作环境和运行模式。通常，环境污染越严重，运行模式越苛刻，检查间隔越短。

另外，工业机器人一般不是单独存在于工作现场，相关的周边设备的检查项目也应添加到维护保养范围之内。常见的定期检查项目见表3-5。

表 3-5 常见的定期检查项目

序号	检查项目	检测周期	维修要领、特殊说明
1	清洁机器人	1~3 个月	清洁时间间隔取决于机器人的工作环境,根据不同的防护等级选择适用的清洁方法
2	检查机器人连接线缆	3~12 个月	如果发现有损坏或裂缝,或即将达到寿命,应更换
3	检查轴 1~3 的机械限位	3~12 个月	如果机械限位被撞到,应立即检查
4	检查塑料盖	3~12 个月	检查塑料盖是否存在,是否有裂纹或损坏
5	检查信息标签	12 个月	检查信息标签的完整性,如有损坏、丢失,立即更换补齐
6	检查同步带	36 个月	检查同步带、同步带轮是否损坏或磨损,及时进行更换。检查并调整同步带张力大小
7	更换电池组	36 个月	在工业机器人电源关闭,电池的剩余后备电量离耗尽不足 2 个月时,将显示电池电量警告

工业机器人本体润滑油(脂)需要定期更换,具体更换操作步骤见表 3-6。

表 3-6 工业机器人本体润滑油(脂)的更换操作步骤

序号	操 作 步 骤
1	手动操作将机器人移至换油姿态
2	根据机器人机械保养手册,找到机器人各轴的注油口和排油口位置
3	在补充润滑油(脂)时,取下排油口的螺塞,用油枪从注油口注油。在安装排油口螺塞前,运转轴几分钟,使多余的润滑油(脂)从排油口排出
4	用抹布擦净从排油口排出的多余润滑油(脂),安装螺塞。螺塞的螺纹处要包缠生胶带并使用扳手拧紧
5	在更换润滑油(脂)时,取下排油口螺塞,使用油枪从注油口注油。从排油口排出旧油,当开始排出新油时,说明润滑油(脂)更换完成

任务反馈

通过学习日常维护机器人,我了解了＿＿＿＿＿＿＿＿＿＿＿＿＿＿＿＿＿＿＿。

通过学习加注润滑油(脂),我了解了＿＿＿＿＿＿＿＿＿＿＿＿＿＿＿＿＿＿＿。

在＿＿＿＿＿＿＿＿＿＿＿＿＿＿＿＿＿＿＿＿＿方面,我需要进一步巩固练习,加深学习。

考核评价

考核评价表

社会能力(30 分)

序号	评价内容	评价要求	自评	互评	师评
1	纪律(无迟到、早退、旷课)(10 分)	无违纪现象			
2	团结协作能力、沟通能力(10 分)	能够进行有效合理的合作、交流			
3	码垛机器人应用特点(5 分)	能够描述常用的码垛机器人的应用特点			
4	常用的码垛垛型特点(5 分)	能够描述常用的码垛垛型特点			

（续）

操作能力（40分）					
序号	评价内容	评价要求	自评	互评	师评
1	码垛机器人周边设备安装调整（5分）	能进行码垛机器人周边设备安装调整			
2	码垛机器人的操作调整（10分）	能够进行码垛机器人的操作调整			
3	码垛机器人的垛型计算（10分）	能够进行码垛机器人的垛型计算			
4	垛型轨迹的编程调试（10分）	能够进行垛型轨迹的编程调试			
5	机器人日常维护（5分）	能够进行机器人系统日常保养与维护			
发展能力（30分）					
序号	评价内容	评价要求	自评	互评	师评
1	网络查询机器人技术典型应用（10分）	能够使用网络工具进行资料查找、整理及表述			
2	码垛机器人系统的应用特点分析（5分）	能够分析码垛机器人系统的应用特点			
3	归纳定期维护保养内容（5分）	能够归纳总结定期维护保养处理方法			
4	文档整理、成果汇报（10分）	能梳理学习过程，展示汇报学习成果			
综合评价					

拓展应用

布局安装如图3-81所示的码垛机器人工作站。完成机器人本体系统及机械部分、电气部分等外围设备的安装布局。

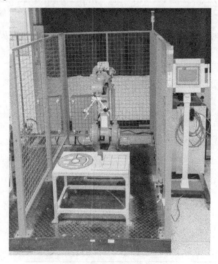

图 3-81　码垛机器人工作站

习题训练

分组实操，完成如图3-81所示的码垛机器人工作站的安装。按照安全操作规程进行布局安装，完成具体操作步骤及内容表述。进行小组自评，各组互评，老师点评，反思总结，并填写工作任务评价表。

3

工作任务评价表

序号	评价内容	评价要求	自评	互评	师评
码垛机器人工作站的安装					
1	工作站功能特点描述(10分)	能合理描述工作站的功能特点			
2	工作站组成部分描述(10分)	能合理描述工作站的组成部分特点			
3	机器人本体系统安装(10分)	能进行机器人本体系统安装			
4	机械部分布局安装(10分)	能进行机械部分布局安装			
5	电气部分布局安装(10分)	能进行电气部分布局安装			
6	工作台的布局安装(15分)	能进行工作台的布局安装			
7	布局安装的操作步骤(15分)	能撰写工作站布局安装的操作步骤			
8	安装注意事项归纳总结(10分)	能归纳总结工作站安装注意事项			
反思总结(10分)					
综合评价					

ROBOT

项目4 打磨机器人系统的装调与故障诊断

学习目标+书证融通

	项目学习能力要求	1+X 证书标准要求
社会能力	能够描述常用的打磨机器人应用特点	—
	能够描述常用的打磨设备特点	
操作能力	能够进行周边设备的安装调整	能进行工业机器人周边设备安装调整
	能够进行打磨机器人的操作调整	能进行工业机器人操作调整
	能够进行机器人本体的安装调试	能根据机器人本体的安装环境要求确定安装位置
	能够进行打磨轨迹的编程调试	能进行工业机器人编程调试
	能够进行机器人系统运行维护	能够进行机器人系统日常保养与维护
发展能力	能够分析打磨机器人系统的典型应用特点	—
	能够归纳总结常见的故障处理方法	

项目引入

抛光打磨是制造业中一道不可或缺的基础工序，而机器人在这一制造工序中有着极为广泛的应用，无论是打磨、抛光，还是去毛刺，如今都可以看到机器人忙碌的身影。作为工业机器人众多种类的一种，打磨抛光机器人主要用于工件的表面打磨、棱角去毛刺、焊缝打磨以及内腔内孔去毛刺等工作，如图 4-1 所示。

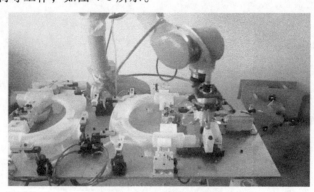

图 4-1　机器人抛光打磨

本项目的打磨机器人工作站由以下四个部分组成，如图 4-2 所示。

1）机器人本体系统。
2）机器人工具快换装置。
3）带变位机的打磨工位。
4）打磨工件仓储系统。

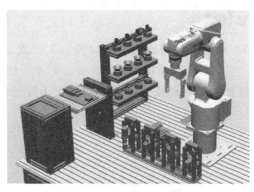

打磨机器人工
作站任务演示

图4-2 打磨机器人工作站

想想做做

成功不是将来才有的,而是从决定去做的那一刻起,持续累积而成的。

项目实施

任务4.1 工业机器人工作站设备的安装

打磨喷釉焊接布局

任务描述

如图4-1所示的打磨机器人工作站可完成指定工件的抛光打磨,根据实际任务设计要求,使用 ABB IRB120 机器人,采用快换工具的打磨工具进行管形工件的抛光打磨,分析工作站的设备组成,完成本体及其周边设备的安装调试。

4.1.1 布局安装变位机模块

变位机模块由铝型材支架、伺服电动机、伺服驱动器、行星减速器和气动夹具等组成,如图4-3所示。变位机模块采用伺服电动机驱动旋转平台转动,旋转平台上安装有气动夹具,可用于夹持、定位工件,与机器人协同进行焊接、抛光打磨及喷涂作业。变位机模块两侧铝型材支架用来进行支撑和密封防护。安装完成后如图4-4所示。

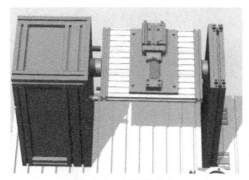

图4-3 变位机模块

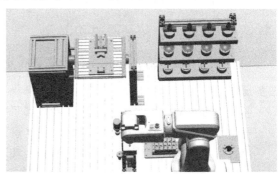

图4-4 变位机模块的安装布局

4.1.2 布局安装工件仓储模块

工件仓储模块（图4-5）由铝合金型材与铝质材料加工而成，有3行3列共9个仓位，用于机器人放置模拟喷釉、模拟打磨和模拟焊接等工件。每个仓位均安装有定位销，采用防呆设计，对应每个工件的放置孔位，避免工件放置错误。工件仓储模块的布局安装位置如图4-6所示。

图4-5　工件仓储模块

图4-6　工件仓储模块的布局安装

铝合金仓库由铝合金支架、仓位平板组成。其中模拟打磨工件放置于上层仓格，模拟喷釉工件放置于中间仓格，模拟焊接工件放置于下层仓格。

4.1.3 机器人工作站伺服驱动部分

图4-7所示的是机器人工作站伺服驱动部分电气接线图。

任务反馈

通过学习布局安装变位机模块，我了解了＿＿＿＿＿＿＿＿＿＿＿＿＿＿＿＿＿＿＿＿。

通过学习布局安装工件仓储模块，我了解了＿＿＿＿＿＿＿＿＿＿＿＿＿＿＿＿＿＿＿。

通过学习机器人工作站伺服驱动部分，我了解了＿＿＿＿＿＿＿＿＿＿＿＿＿＿＿＿＿。

在＿＿＿＿＿＿＿＿＿＿＿＿＿＿＿＿方面，我需要进一步巩固练习，加深学习。

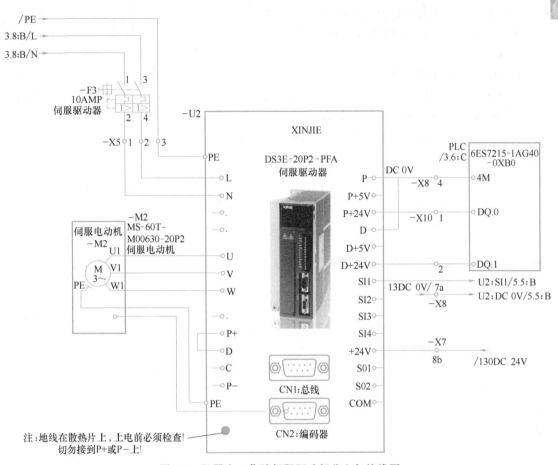

图 4-7　机器人工作站伺服驱动部分电气接线图

任务 4.2　打磨机器人的编程调试

任务描述

　　根据打磨机器人工作站实际任务设计要求，完成机器人运动轨迹设计、工具坐标设定、逻辑功能设定、程序调试运行及优化。

4.2.1　逻辑指令

1. IF 条件判断指令

　　IF 条件判断指令就是根据不同的条件执行不同的指令。条件判断的条件数量可以根据实际需求进行增加或减少。例如：数字型变量 num1 为 1，则执行 flag1 赋值为 TRUE；num1 为 2，则执行 flag1 赋值为 FALSE。

　　在 Prog. Flow 指令集界面中选择指令"IF"，进入图 4-8 所示的"IF"指令参数编辑界面。

　　选中 IF 指令行，单击进入图 4-9 所示的 IF 语句添加判断条件的界面。在这里可以添加或删除判断条件或进行子条件嵌套。

依次单击 IF 语句行中的参数进行设置，如图 4-10 所示。

2. WHILE 条件判断指令

WHILE 条件判断指令适用于在给定条件满足的情况下，重复执行对应的指令。例如：当 num1>num2 条件满足的情况下，就一直执行赋值语句 num1：= num1 - 1 的操作。

在 Prog. Flow 指令集界面中选择指令"WHILE"，进入图 4-11 所示的 WHILE 指令参数编辑界面。

依次单击 WHILE 语句行中的参数进行设置，如图 4-12 所示。

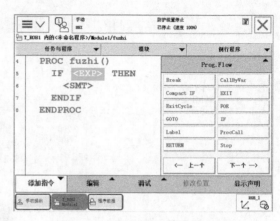

图 4-8 "IF"指令参数编辑界面

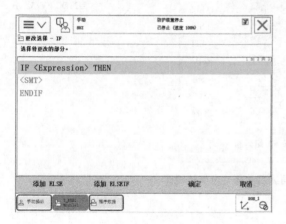

图 4-9 IF 语句添加判断条件的界面

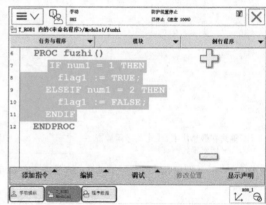

图 4-10 IF 语句行界面

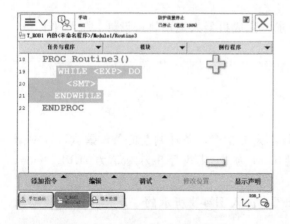

图 4-11 WHILE 指令参数编辑界面

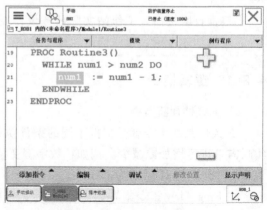

图 4-12 WHILE 语句行界面

4.2.2 参数设置

1. 工具数据

工具数据是用于描述安装在机器人第 6 轴上的工具中心点（TCP）、质量和重心等参数的数据。

一般不同的机器人应用配置不同的工具，如焊接机器人使用焊枪作为工具，而当同一台机器人需要不断更换不同工具时，经常采用安装快换工具的方法来实现不同工具的快速切换，夹爪式的夹具经常作为快换工具来使用。工具坐标示例如图 4-13 所示。

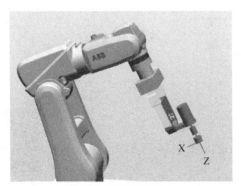 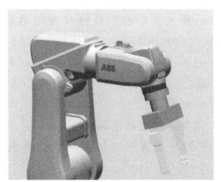

a) 打磨工具坐标(打磨)　　　　　　　　b) 夹爪工具坐标

图 4-13　工具坐标示例

默认工具（tool0）的 TCP 位于机器人安装凸缘的中心，Z 轴方向垂直于机器人第 6 轴法兰平面指向外，XY 平面与机器人第 6 轴法兰平面一致。图 4-14 中的坐标轴交点就是 tool0 的 TCP。

图 4-14　工具中心点

2. TCP 的设定

（1）TCP 的设定步骤

1）在机器人的工作范围内找一个非常精确的固定点作为参考点。

2）在工具上确定一个参考点（最好是工具的中心点）。

3）采用手动操纵的方式，移动工具上的参考点，以四种不同的机器人姿态尽可能与固定点刚好碰上，如图 4-15 所示。

4）机器人通过这四个点的位置数据计算求得 TCP 的数据。

（2）TCP 的设定方法

1）4 点法，不改变 tool0 的坐标方向，只是转换坐标系的位置。

2）5 点法，TCP 移至新的设定点位置，同时改变 tool0 的 Z 轴方向。第 5 点的运动方向为即将要设定为 TCP 的 Z 方向。

3）6 点法，TCP 移至新的设定点位置，同时改变 tool0 的 X 轴和 Z 轴方向。第 5 点的运动方向为即将要设定为 TCP 的 X 方向，第 6 点的运动方向为即将要设定为 TCP 的 Z 方向。

根据机器人使用的工具特点选用不同的 TCP 设定方法。值得注意的是，在 TCP 设定过程中使前三个点的姿态相差尽量大些，这样有利于 TCP 精度的提高。

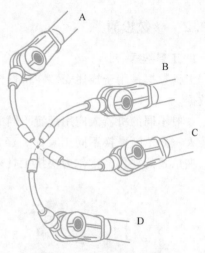

图 4-15　TCP 设定过程

3. 工具坐标设定

（1）创建新的工具坐标项目

1）在 ABB 主界面中单击"手动操纵"，进入图 4-16 所示的坐标选择界面。

2）单击图 4-16 所示界面中的"工具坐标"选项，进入图 4-17 所示的新建工具坐标界面。

6 点法创建工具坐标

图 4-16　坐标选择界面

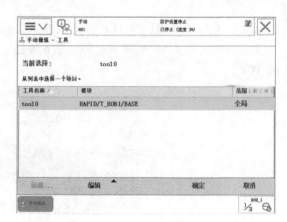

图 4-17　新建工具坐标界面

3）单击图 4-17 所示界面中的"新建...", 打开图 4-18 所示的创建工具坐标界面。在此界面中，对工具数据进行设定，输入新创建的工具坐标的名称，选择适用范围、存储类型和适用模块等信息。

（2）选择定义 TCP 的方法

1）创建工具坐标的信息确认完毕，单击"确定"。进入图 4-19 所示的定义 TCP 选择界面。

2）在图 4-19 所示界面中选中需要定义的工具坐标选项，单击"编辑", 弹出菜单，选择"定义...", 进入图 4-20 所示的 TCP 定义界面。

图 4-18　创建工具坐标界面

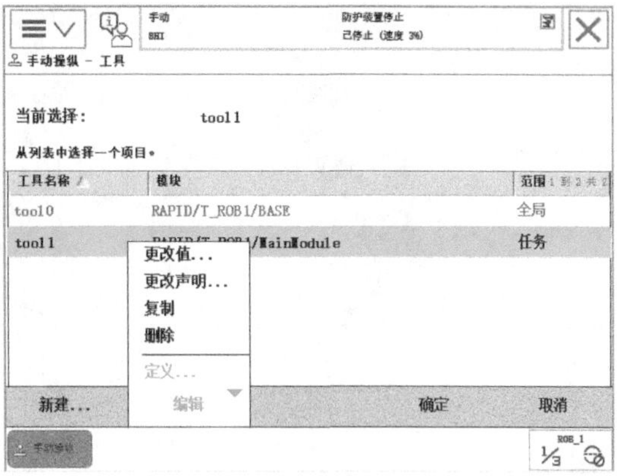

图 4-19　定义 TCP 选择界面

图 4-20　TCP 定义界面

3）在"方法"下拉列表中选择 TCP 设定的方法，此处选择"TCP 和 Z，X"选项，即使用 6 点法进行 TCP 设定。

（3）定义 TCP

1）手动操作机器人工具参考点以图 4-21a 所示的位姿靠近固定点，然后在图 4-20 所示的 TCP 定义界面中选择"点 1"，单击"修改位置"，得到图 4-22 所示点 1 的定义界面，第 1 个点定义完成。

2）手动操作机器人工具参考点，以图 4-21b 所示的位姿靠近固定点，然后在图 4-20 所示的 TCP 定义界面选择"点 2"，单击"修改位置"，点 2 定义完成。

3）手动操作机器人工具参考点，以图 4-21c 所示的位姿靠近固定点，然后在图 4-20 所示的 TCP 定义界面选择"点 3"，单击"修改位置"，点 3 定义完成。

4）手动操作机器人工具参考点，以图 4-21d 所示的位姿靠近固定点，然后在图 4-20 所示的 TCP 定义界面选择"点 4"，单击"修改位置"，点 4 定义完成。

5）手动操作机器人工具参考点沿着即将设定的 X 轴方向离开固定点，移动 20～50cm 距离，至图 4-21e 所示的延伸器点 X 的设定位置，在图 4-23 所示延伸器点 X、Z 的定义界面中选择"延伸器点 X"，单击"修改位置"，延伸器点 X 的定义完成。

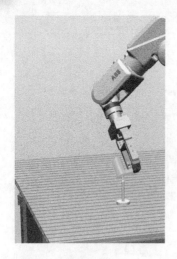
a) 点1的设定位置

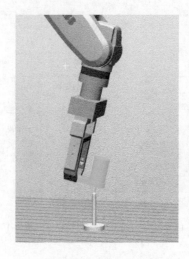
b) 点2的设定位置

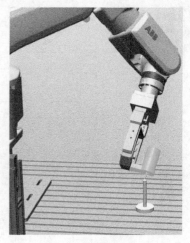
c) 点3的设定位置

d) 点4的设定位置

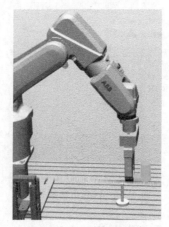
e) 延伸器点X的设定位置

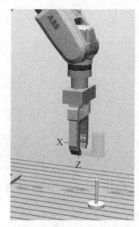
f) 延伸器点Z的设定位置

图 4-21　6 个点的设定位置

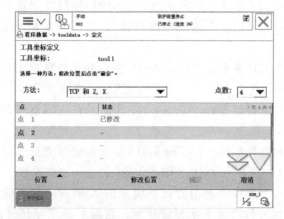

图 4-22　点 1 的定义界面

6) 手动操作机器人工具参考点沿着即将设定的 Z 轴方向离开固定点，移动 20~50cm 距离，至图 4-21f 所示的延伸器点 Z 的设定位置，在图 4-23 所示延伸器点 X、Z 的定义界面中选择"延伸器点 Z"，单击"修改位置"，延伸器点 Z 的定义完成。

值得注意的是，在设置 X、Z 方向时，参考点离开固定点的距离一般为 20~50cm。

7) 6 个点定义完成后，单击"确定"，进入图 4-24 所示的工具坐标误差确认界面。平均误差结果指的是根据计算的 TCP 所得到的接近点的平均距离。最大误差是所有接近点中的最大误差。结果是否可以接受很难做出确切判断。这取决于使用的工具、机器人类型等。一般来说，平均误差达到十分之几毫米时，可认为计算准确。如果定位合理精确，那么计算结果也会准确。

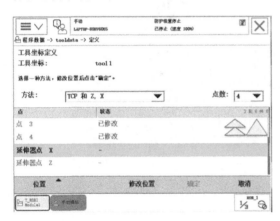

图 4-23 延伸器点 X、Z 的定义界面

图 4-24 工具坐标误差确认界面

8) 在图 4-24 所示的工具坐标误差确认界面中单击"确定"，返回至图 4-19 所示的定义 TCP 选择界面。

(4) 定义工具的质量 在定义 TCP 选择界面中选中刚定义完成的工具坐标，单击"编辑"，弹出菜单，选择"更改值..."，进入图 4-25 所示的工具质量参数输入界面。在此界面中输入工具的实际质量，单位是 kg。输入完毕，单击"确定"。

(5) 输入工具重心参数 在定义 TCP 选择界面中选中刚定义完成的工具坐标，单击"编辑"，弹出菜单，选择"更改值..."，进入图 4-26 所示的工具重心参数输入界面。在此

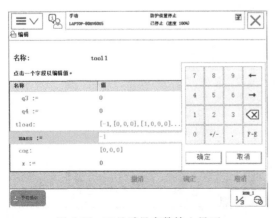

图 4-25 工具质量参数输入界面

图 4-26 工具重心参数输入界面

界面中输入工具的重心点在 tool0 坐标系下的坐标（x，y，z），单位是 mm。输入完毕，单击"确定"。

（6）验证工具坐标　工具坐标设定完成后，需要对其精确度进行验证，在图 4-27 所示的重定位操作界面中进行工具坐标的精确度验证。动作模式选择"重定位"，坐标系选择"工具坐标"，工具坐标选择需要验证的工具坐标"tool1"。手动操作机器人做姿态变换，即绕各轴运动。如果 TCP 设定准确，可以看到工具参考点与固定点始终保持接触。观察新设的 TCP 与固定点之间的相对位移，确保误差在规定范围之内。

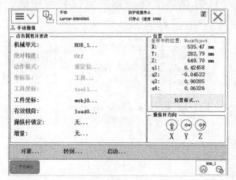
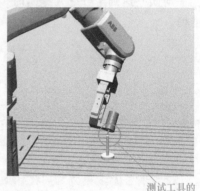

测试工具的
重定位精度

图 4-27　重定位操作界面

4.2.3　程序调试

1. 打开程序

在 ABB 主界面中单击"程序编辑器"，进入程序信息界面。界面显示出系统上次已加载的例行程序信息。单击"例行程序"，进入如图 4-28 所示的例行程序信息界面，可以选择要调试运行的程序。

图 4-28 中显示的例行程序信息是包含在同一个程序模块中的。要显示其他程序模块中的例行程序，需要先选择相应的程序模块。

选中准备调试的程序，双击该程序的名称，或单击"显示例行程序"，则该程序被打开。图 4-29 所示的是 Path_10() 例行程序打开的界面。

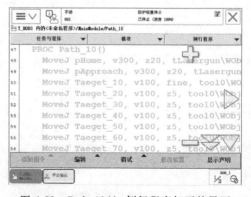

图 4-28　例行程序信息界面　　　　　图 4-29　Path_10() 例行程序打开的界面

2. 调试程序

调试程序需要打开"调试"选项，在图 4-29 所示的界面中单击"调试"，打开如图 4-30 所示的调试选项界面。

在调试选项界面中，选择"PP 移至例行程序"，打开图 4-31 所示的例行程序显示界面。此时，系统所有的例行程序，不管存在于哪个模块中都可以显示出来，等待选中调试。

再次选中"Path_10"例行程序，然后单击"确定"。在图 4-32 所示的程序调试界面中，程序行的前端出现程序指针 PP。程序指针 PP 是一个紫色的小箭头，它永远指向将要执行的指令。

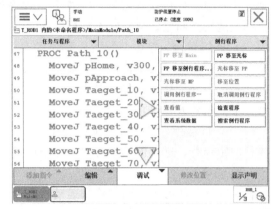

图 4-30 调试选项界面

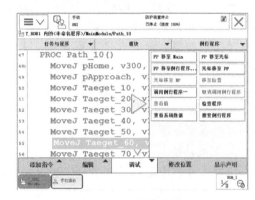

图 4-31 例行程序显示界面　　　　图 4-32 程序调试界面

3. 手动运行

（1）单步运行　图 4-33 所示的是运行程序操作面板，左手按下使能键，使机器人系统

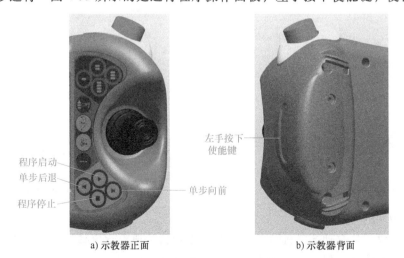

a) 示教器正面　　　　b) 示教器背面

图 4-33 运行程序操作面板

87

进入"电动机开启"状态,按一下"单步向前"键,并小心观察机器人的移动。可以看到机器人开始动作,同时,在指令行的左侧出现一个小机器人,说明机器人已到达该指令行所指示的位置点。值得注意的是,在按下"程序停止"键后才可松开使能键,否则机器人电动机频繁地突然断电,会缩短电动机寿命。

(2)连续运行 单步运行适合验证运动指令的位置是否合适,连续运行适合验证运动轨迹是否合适。左手按下使能键,使机器人系统进入"电动机开启"状态,按一下"程序启动"键,并小心观察机器人的移动,可以看到机器人开始连续动作,直至"程序停止"键被按下,机器人才停止动作。

(3)单行运行 在同一个调试程序中,可以使用"PP移至光标",将程序指针移至想要执行的指令行,进行该选定行的指令动作调试。

4. 自动运行

在手动运行状态下,调试确认运动与逻辑控制正确后,就可以将机器人系统投入到自动运行状态。

将机器人控制柜上的状态钥匙左旋至左侧的自动状态。示教器屏幕出现"是否选择自动模式"提示信息。单击"确定",确认状态的切换。

单击示教器上调试选项界面中的"PP移至Main",将PP指向主程序的第一行指令。"PP移至Main"的界面如图4-34所示。

示教器屏幕出现提示信息"确定将PP移至main?",单击"是"。

按下控制柜上的电动机起动按钮,起动电动机。接着按下示教器上的程序启动按钮。这时,可以看到程序已在自动运行过程中。

5. 速度调整

机器人在程序运行过程中可以通过快捷方式来调整当前的运行速度。单击"快捷菜单"按钮,选择"速度",打开图4-35所示的速度调整快捷方式界面,可以在此调试程序运行中机器人的运动速度。

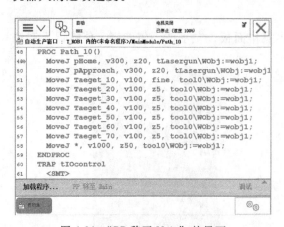

图4-34 "PP移至Main"的界面

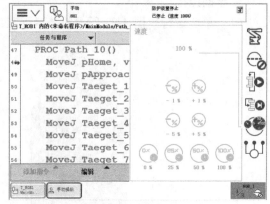

图4-35 速度调整快捷方式界面

6. 程序模块的保存

在调试完成并且自动运行确认符合设计要求后,就要对程序模块做一个保存的操作。可以根据需要将程序模块保存在机器人的硬盘或U盘上。

在创建模块窗口界面中选中要保存的模块，打开"文件"菜单，选择"另存模块为..."，就可以将程序模块保存到机器人的硬盘或U盘中。

4.2.4 中断程序

中断程序用于处理需要快速响应的中断事件，使用时需要用户将中断程序与中断数据连接起来，并且在允许中断后，才能响应中断信号并进入中断程序执行。使用中断程序时应该注意以下几点：

1）中断程序不是子程序调用（ProCall）的普通程序，机器人运动类指令不能出现在中断程序中。

2）中断程序执行时，原程序处于等待状态。为了避免系统等候时间过长造成设备操作异常，中断程序应该尽量短小，从而减少中断程序的执行时间。

3）中断程序不能嵌套，即中断程序中不能再包含中断。正在执行中断程序时，如果又有新的中断信号产生，中断信号将进入等候队列，系统按照"先入先出"的顺序依次响应各中断信号。

4）可以使用中断失效指令来限制中断程序的执行。

建立一个中断程序的操作步骤如下：

1）在程序编辑器界面中选择"新建例行程序"功能，如图4-36所示。

2）修改例行程序的名称，并将"类型"修改为"中断"，单击"确定"，即完成了中断程序的创建，如图4-37所示。

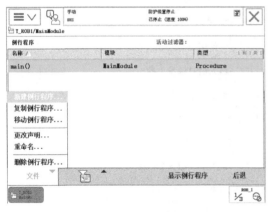

图 4-36 新建例行程序   图 4-37 建立中断程序

3）双击程序列表中新建的中断程序，即可进行中断程序的指令编辑，如图4-38所示。

1. 中断连接指令与中断分离指令

中断连接指令 CONNECT 用于建立中断程序和中断识别号的联系，其标准格式如下：

CONNECT Interrupt WITH Trap routine；

其中：CONNECT 为中断连接指令；Interrupt 为中断识别号；Trap routine 为中断程序名称。中断连接指令必须与中断下达指令联合使用，才能保证中断程序的正确执行。

中断分离指令 IDelete 用于取消中断识别号与对应的中断程序之间的原有连接，从而禁止处理该中断程序，其标准格式如下：

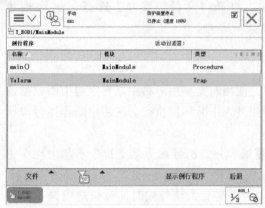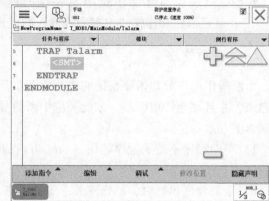

图 4-38　中断程序指令编辑

IDelete Interrupt；

其中：IDelete 为中断分离指令；Interrupt 为中断识别号。

2. 中断下达类指令

中断下达类指令用于定义中断程序的触发信号、触发条件，同时下达中断指令使得中断生效，一旦中断程序触发条件满足，将立即转入中断程序执行。中断下达类指令的触发信号可以是 DI/DO/GI/GO/AI/AO 等 I/O 类信号，也可以是时间或者运行错误，不同的触发信号需要使用不同的中断下达指令。中断下达类指令说明见表 4-1。

表 4-1　中断下达类指令说明

中断下达指令	使用说明
ISignalDI	使用数字输入信号触发中断指令
ISignalDO	使用数字输出信号触发中断指令
ISignalGI	使用组输入信号触发中断指令
ISignalGO	使用组输出信号触发中断指令
ISignalAI	使用模拟输入信号触发中断指令
ISignalAO	使用模拟输出信号触发中断指令
ITimer	使用定时触发中断指令
IPers	变更永久数据对象时触发中断指令
IError	出现错误时触发中断指令

以数字输入信号触发中断指令为例，其标准格式如下：

ISignalDI［\Single］［\SingleSafe］,Signal,TriggValue,Interrupt；

其中：ISignalDI 为数字输入信号触发中断指令；Signal 为数字量输入信号名称；TriggValue 为中断触发值；Interrupt 为中断识别号。［\Single］ 和 ［\SingleSafe］ 是两个中断执行可选变量。打开 ［\Single］ 变量，中断程序只会在触发条件满足时执行一次，关闭该变量，中断程序在触发条件满足时就会运行。［\SingleSafe］ 变量打开后，中断程序转变为单次执行的安全中断，将导致 ISleep 中断休眠指令无效，该变量不得与 ［\Single］ 变量同时使用。

3. 中断程序示例

中断程序名称为 TAlarm，中断识别号为 Intno1，由 DI1 信号变为 1 触发中断的程序编写示例如下：

```
VAR intnum Intno1;
PROC main()
    ……
    IDelete Intno1;
    CONNECT Intno1 WITH TAlarm;
    ISignalDI di1,1, Intno1;
    ……
    ENDPROC
    TRAP TAlarm
    ……
ENDTRAP
```

4. 中断生效指令与中断失效指令

中断生效与中断失效指令见表 4-2。

表 4-2　中断生效与中断失效指令

指令	使用说明	指令	使用说明
ISleep	单一中断失效	IDisable	所有中断失效
IWatch	单一中断生效	IEnable	所有中断生效

单一性指令的标准格式如下：

ISleep Interrupt;

IWatch Interrupt;

其中：Interrupt 为中断识别号。ISleep 指令执行后，对应的中断将失效，直到 IWatch 指令执行后，中断再次生效，程序示例如下：

```
VAR intnum Intno1;
PROC main()
    ……
    CONNECT Intno1 WITH TAlarm;
    ISignalDI di1,1, Intno1;
    ……
    ISleep intno1;
    ……
    IWateh intno1;
    ……
ENDPROC
```

IDisable 和 IEnable 的操作对象是所有的中断，所以不需要指定中断识别号。在系统通信程序执行时，通常提前将所有的中断关闭，避免通信过程中出现干扰，通信结束后再恢复所有的中断，程序示例如下：

```
IDisable;
FOR i FROM 1 TO 100 DO;
    character[i]:=ReadBin(sensor);
ENDFOR
IEnable;
```

5. 定时中断指令

定时中断指令 ITimer 能产生一个由时间触发的中断，其标准格式如下：

ITimer [\Single] [SingleSafe],Time,Interrupt;

其中：ITimer 为定时中断指令；Time 为中断间隔时间，单位为 s；Interrupt 为中断识别号。定时中断的程序示例如下：

```
VAR intnum intno1;
VAR num counter1;
PROC main()
CONNECT intno1 WITH Tcounter;
ITimer 60,intno1;
……
ENDPROC
TRAP Tcounter
counter1:=counter1+1;
ENDTRAP
```

本段程序每 60s 产生一次中断，在中断程序中执行 counter1 加 1 并赋值给 counter1 的运算。可以通过查询 counter1 的具体数值来监控机器人的运行时间。

任务反馈

通过学习工业机器人的逻辑指令，我了解了＿＿＿＿＿＿＿＿＿＿＿＿。

通过学习工业机器人的参数设置及程序调试，我了解了＿＿＿＿＿＿＿＿＿。

通过学习工业机器人的中断程序，我了解了＿＿＿＿＿＿＿＿＿＿＿。

在＿＿＿＿＿＿＿＿＿＿＿方面，我需要进一步巩固练习，加深学习。

任务 4.3 打磨机器人的运动轨迹设计

任务描述

分析打磨机器人的运动过程，进行运动轨迹设计、I/O 设置、仿真演示，使机器人完成指定工件的抛光打磨任务。

打磨机器人工作流程如图 4-39 所示。

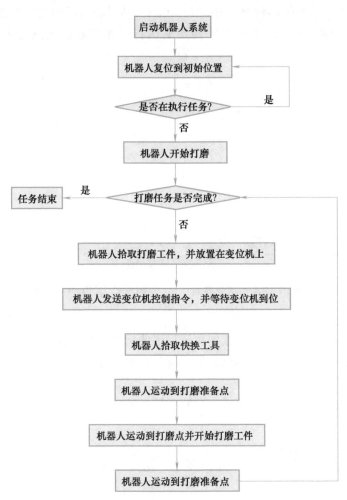

图 4-39 打磨机器人工作流程

4.3.1 打磨机器人的指令应用

1. ProcCall 程序调用指令

ProcCall 程序调用指令用于将程序执行转移至另一个无返回值程序。当执行完成无返回值程序后，程序将继续执行调用后的指令。

通常，有可能将一系列参数发送至新的无返回值程序。无返回值程序的参数必须符合以下条件：

1）必须包含所有的强制参数。

2）必须以相同的顺序进行放置。

3）必须采用相同的数据类型。

4）必须采用有关访问模式（输入、变量或永久数据对象）的正确类型。

程序可以互相调用，并可以反过来调用另一个程序；程序也可以自我调用，即递归调用。允许的程序等级取决于参数数量，通常允许 10 级以上。

例如，在图 4-40 所示例行程序"zichengxu"的添加指令界面中，单击"添加指令"，选择指令"ProcCall",进入图 4-41 所示的"ProcCall"例行程序调用选择界面,当前界面显示机器人系统的所有例行程序。单击需要调用的例行程序名称,该例行程序将被调用,如图 4-42 所示。

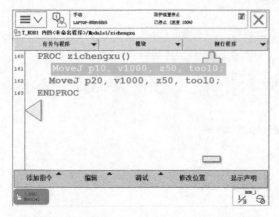

图 4-40 例行程序"zichengxu"的添加指令界面

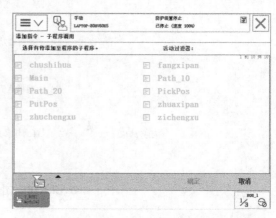

图 4-41 "ProcCall"例行程序调用选择界面

2. TEST 选择分支指令

TEST 选择分支指令是根据 Test 数据执行程序的指令。Test 数据可以是数值,也可以是表达式,根据该数值执行相应的 CASE。Test 指令在选择分支较多时使用,如果选择分支不多,则可以使用 IF…ELSE 指令代替。

在 Prog.Flow 指令集界面中选择指令"TEST",进入图 4-43 所示的 TEST 指令参数编辑界面。

图 4-42 例行程序调用

图 4-43 TEST 指令参数编辑界面

在图 4-44a 所示界面中单击添加多个 CASE 分支。如图 4-44b 所示,选择 TEST 后的参数 <EXP>,将选定值改为 reg1。如图 4-44c 所示,单击 CASE 后的参数 <EXP>,将值改为 1,向 <SMT> 位置添加程序调用指令,如图 4-44d 所示,调用例行程序 Routine1。

将第二个 CASE 程序行按照第一个 CASE 程序行的方式修改为"CASE 2",调用例行程序 Routine2,如图 4-45a 所示。向 DEFAULT 程序行下的 <SMT> 添加 Stop 指令,如图 4-45b 所示。

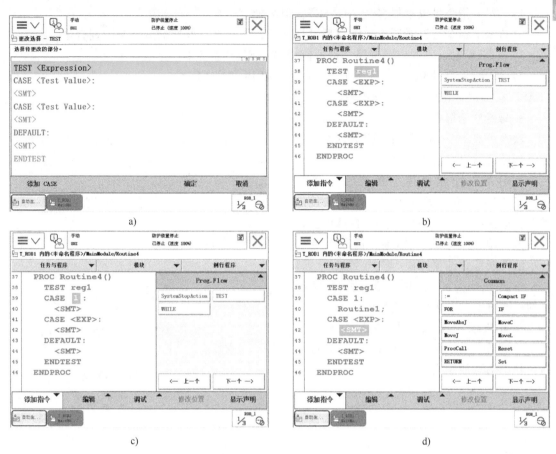

图 4-44　调用例行程序 Routine1

图 4-45　调用例行程序 Routine2 并添加 Stop 指令

对 num 型数据 reg1 的数值进行判断；若为 1，则执行 Routine1；若为 2，则执行 Routine2；否则执行 Stop，停止运动。

运用起来貌似挺简单，但以下几点值得注意：

1）TEST 指令可以添加多个"CASE"，但只能有一个"DEFAULT"。

2）TEST 指令可以对所有数据类型进行判断，但是进行判断的数据必须拥有值。

3）如果没有太多的分支选择，也可使用 IF…ELSE 指令。

4）如果不同的值对应的程序一样，可以用"CASE xx，xx，……；"来表达，如"CASE 2，3；"，这样可以简化程序。

3. 取绝对值指令

取绝对值指令 Abs 是对操作数取绝对值。例如：首先对操作数 reg1 进行取绝对值的操作，然后将结果赋值给 reg5。

首先在添加赋值指令的界面中单击 ":="赋值指令，进入赋值指令参数设定界面，选择<VAR>变量为 reg5。再选中变量表达式，单击"功能"标签，进入图 4-46 所示的功能参数选项界面。

单击"Abs( )"选项，进入图 4-47 所示的取绝对值的参数表达式界面。

单击选项"reg1"，再单击"确定"，可以看到图 4-48 所示的 Abs( ) 语句行界面，则说明添加完成。

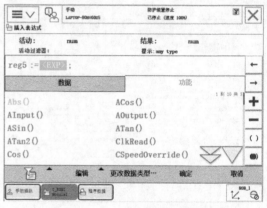

图 4-46　功能参数选项界面

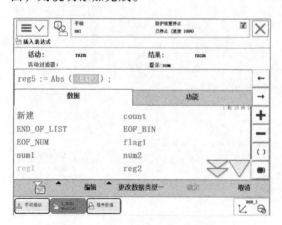

图 4-47　取绝对值的参数表达式界面

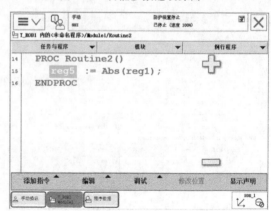

图 4-48　Abs( ) 语句行界面

4.3.2　打磨机器人的 I/O 配置

打磨机器人工作站系统采用 ABB 机器人标配的 DSQC 652 I/O 通信板卡，该型号的 I/O 通信板卡包含数字量的 16 个输入和 16 个输出。此 I/O 单元的相关配置需要在 DeviceNet Device 中设置。DeviceNet Device 板参数配置见表 4-3。

表 4-3　DeviceNet Device 板参数配置

Name	Type of Device	Network	Address
Board10	D652	DeviceNet1	10

表4-4列出了打磨工作站的 I/O 信号参数配置。在此工作站中需要配置 4 个数字输入信号：di_Start 用于控制机器人启动；di_grippered 用于检测快换工具是否抓取工具到位；di_polishing 用于接收打磨工具抓取到位传感器信号，检测打磨工具是否抓取合适；di_Dismachine 用于接收变位机是否到达工作位置。还需要配置 3 个数字输出信号：do_gripper 用于控制快换工具张合，do_polish 用于控制打磨电动机起动，do_PolishOk 用于告知打磨已经完成。

表 4-4 I/O 信号参数配置

Name	Type of Signal	Assigned to Device	Device Mapping
di_Start	Digital Input	Board10	0
di_grippered	Digital Input	Board10	1
di_Dismachine	Digital Input	Board10	3
di_polishing	Digital Input	Board10	4
do_gripper	Digital Output	Board10	0
do_polish	Digital Output	Board10	4
do_PolishOk	Digital Output	Board10	5

4.3.3 打磨工作站仿真运行

1. 解包仿真工作站

如图 4-49 所示，通过 RobotStudio 仿真软件解包机器人工作站。选择 "共享"→"解包"，依次完成工作站的解包。图 4-50 所示为解压后的工作站。

打磨工作站解包

图 4-49 打开软件

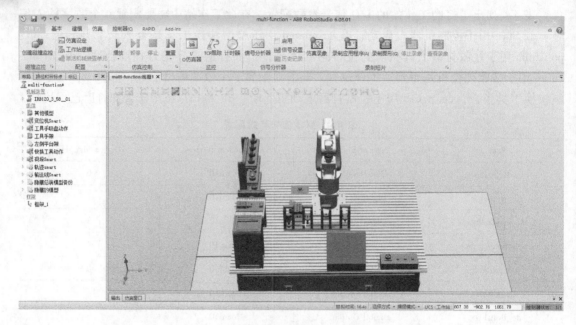

图 4-50　解压后工作站

2. 仿真运行工作站

在图 4-50 所示的界面中单击"仿真",进入图 4-51 所示的仿真界面,单击"I/O 仿真器"图标,打开 I/O 仿真器,将"选择系统"选项卡调整为"工作站信号",如图 4-52 所示,再单击"播放"图标,如图 4-53 所示。在"工作站信号"区域选择"GN4_damo"启动信号,如图 4-54 所示。运行完成后,单击"停止",如图 4-55 所示。单击"重置"下拉菜单,选择"初始状态",如图 4-56 所示。此工作站中保存了一个工作站初始状态,此处复位至此状态。

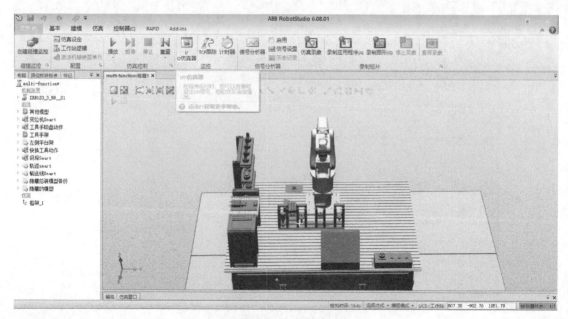

图 4-51　打开 I/O 仿真器

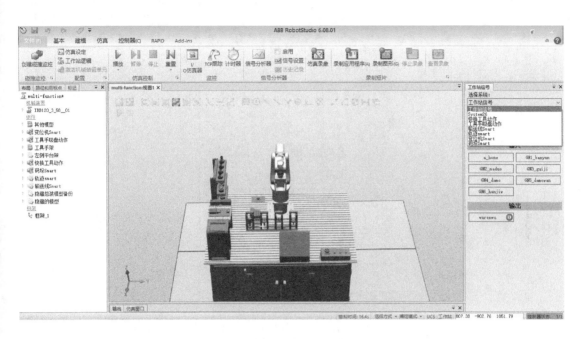

图 4-52 选择工作站信号

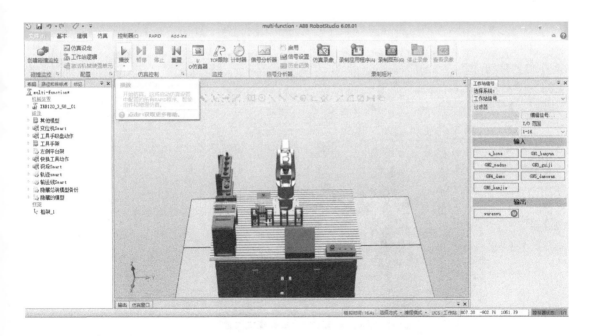

图 4-53 打开播放窗口

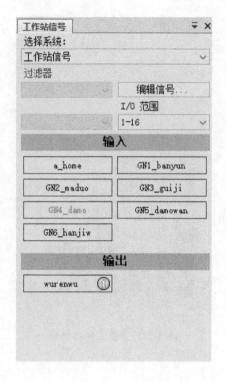

图 4-54　选择打磨工作站的启动信号

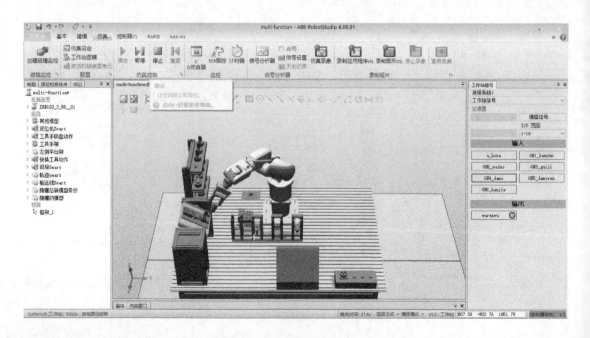

图 4-55　运行结束单击"停止"

图 4-56 运行结束复位

任务反馈

通过学习打磨机器人的指令应用，我了解了_____。

通过学习打磨机器人的 I/O 配置，我了解了_____。

通过学习打磨工作站的仿真运行，我了解了_____。

在_____方面，我需要进一步巩固练习，加深学习。

任务 4.4 工业机器人系统的运行维护

任务描述

机器人在使用过程中经常会出现不能正常启动等故障，可以通过现场情况、查看机器人日志信息，进行故障的初步判断，并结合日志提示进行处理。

4.4.1 电源的故障诊断与处理

1. 故障描述

机器人不能正常启动是比较常见的故障，首先要排除外部供电系统的异常，然后排查机器人控制柜。

启动故障可能会有的各种症状：所有单元上的 LED 均未亮起；接地故障保护跳闸；无法加载系统软件；示教器没有响应；示教器能够启动，但对任何输入均无响应；系统软件未正确启动等。

2. 解决方案

此类故障须确保系统的主电源通电并且在指定的极限之内，确保驱动模块中的主变压器正确连接现有电源，确保控制模块和驱动模块的电源供应没有超出指定极限。必要时需要万用表测量控制柜内的线路，尽量定位故障，然后更换相应的故障模块。

能够导致启动故障的原因非常多，因此，在短时间内不能排除故障时，需要将控制柜整体替换，再将备份的机器人数据导入机器人，以尽快恢复生产，然后对有故障的设备进行离线修理。

4.4.2 按照事件日志信息进行故障诊断与处理

1. 故障描述

机器人的示教器在出现故障时，系统会弹出相应的提示信息。查看信息并进行判断，是解决故障的重要方法。

当控制面板或示教器的紧急停止键被按下时，或外部异常停止输入时，进入异常停止状态，此时机器人立即停止运行程序。

2. 解决方案

查看示教器提示信息，排除故障，检查被按下的急停位置，解除急停。重新接通电源才能重新工作。

任务反馈

通过学习电源故障诊断与处理，我了解了 _____。

通过学习按照事件日志信息进行故障诊断与处理，我了解了 _____。

在 _____方面，我需要进一步巩固练习，加深学习。

考核评价

考核评价表

社会能力（30分）

序号	评价内容	评价要求	自评	互评	师评
1	纪律（无迟到、早退、旷课）(10分)	无违纪现象			
2	团结协作能力、沟通能力(10分)	能够进行有效合理的合作、交流			
3	打磨机器人的应用特点(5分)	能够描述常用的打磨机器人应用特点			
4	打磨机器人的布局特点(5分)	能够描述打磨机器人工作站的布局			

操作能力（40分）

序号	评价内容	评价要求	自评	互评	师评
1	打磨机器人周边设备安装调整(5分)	能够进行打磨机器人周边设备安装调整			
2	打磨机器人的操作调整(10分)	能够进行打磨机器人的操作调整			
3	逻辑指令的编程调试(10分)	能够进行逻辑指令的编程调试			
4	打磨机器人参数设置(10分)	能够进行打磨机器人工具、工件坐标参数设置			
5	常见故障的诊断与处理(5分)	能够进行机器人常见故障诊断与处理			

发展能力（30分）

序号	评价内容	评价要求	自评	互评	师评
1	通过网络查询打磨机器人的典型应用(10分)	能够使用网络工具进行资料查找、整理及表述			
2	打磨机器人系统的编程分析(5分)	能够分析打磨机器人系统的编程特点			
3	归纳常见故障的处理方法(5分)	能够归纳总结常见故障的处理方法			
4	文档整理、成果汇报(10分)	能梳理学习过程，展示汇报学习成果			
	综合评价				

拓展应用

布局安装如图 4-57 所示的打磨机器人工作站。完成机器人本体系统以及机械部分、电气部分等外围设备的安装布局。

图 4-57　打磨机器人工作站

习题训练

分组实操，完成图 4-57 所示的打磨机器人工作站的安装，按照安全操作规程进行布局安装，完成具体操作步骤及内容表述。进行小组自评，各组互评，老师点评，反思总结，并填写工作任务评价表。

工作任务评价表

序号	评价内容	评价要求	自评	互评	师评
	打磨机器人工作站的安装				
1	工作站功能特点描述(10分)	能合理描述工作站的功能特点			
2	工作站组成部分描述(10分)	能合理描述工作站组成部分的特点			
3	机器人本体系统安装(10分)	能进行机器人本体系统安装			
4	机械部分布局安装(10分)	能进行机械部分布局安装			
5	电气部分布局安装(10分)	能进行电气部分布局安装			
6	工作台的布局安装(15分)	能进行工作台的布局安装			
7	布局安装的操作步骤(15分)	能撰写工作站布局安装的操作步骤			
8	安装注意事项归纳总结(10分)	能归纳总结工作站的安装注意事项			
反思总结(10分)					
综合评价					

ROBOT

项目5 喷釉机器人系统的装调与故障诊断

学习目标+书证融通

	项目学习能力要求	1+X 证书标准要求
社会能力	能够描述常用的喷釉机器人的应用特点	—
	能够描述常用的喷釉工艺特点	
操作能力	能够进行周边设备的安装调整	能进行工业机器人周边设备安装
	能够进行喷釉机器人的操作调整	能进行工业机器人操作调整
	能够进行机器人本体的安装调试	能进行工业机器人系统安装
	能够进行喷釉轨迹的编程调试	能进行工业机器人编程调试
	能够进行机器人系统运行维护	能进行工业机器人系统故障诊断处理
发展能力	能够分析喷釉机器人系统的典型应用特点	—
	能够归纳总结常见的故障处理方法	

项目引入

喷釉机器人是产业升级产品，可获得高精的产品表面喷涂质量，具有健康环保特性。喷釉机器人正在改变传统喷涂工业生产方式，减小了喷涂工业对人工的依赖性，降低了涂装生产成本，实现了喷涂工业的可持续发展。喷釉机器人在家电喷涂、陶瓷卫浴喷涂、日用五金喷涂、钢制家具喷涂及汽车制造等行业中被广泛使用，大大提高了生产率。图 5-1 所示为陶瓷卫浴行业使用的喷釉机器人。

图 5-1　陶瓷卫浴行业使用的喷釉机器人

机器人喷釉属于自动喷釉，主要包括坯体传输联动线、可控制转动角度的承坯台、喷枪

及其控制系统等。采用机器人喷釉，操作人员可以远离喷釉柜，操作环境大大得到改善，每
件产品间喷釉质量的差别很小，工人的体力劳动减轻，生产率提高。

喷釉机器人工
作站任务演示

本项目的喷釉机器人工作站由以下四个部分组成。

1）机器人本体系统。

2）机器人工具快换装置。

3）带变位机的喷釉工位。

4）喷釉工件存储设备。

图 5-2 所示为喷釉机器人工作站。根据实际任务设计要求，使用 ABB
IRB120 机器人，采用快换工具的喷釉工具进行指定工件的喷釉，分析工作站的设备组成、
运动轨迹设计、I/O 设置、仿真演示及运行程序，完成工件的喷釉任务。

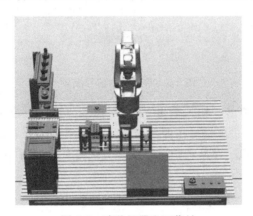

图 5-2　喷釉机器人工作站

想想做做

功崇惟志，业广惟勤。

项目实施

任务 5.1　I/O 信号的监控与测试

任务描述

根据实际任务设计要求，进行喷釉机器人工作站 I/O 信号的监控与查找，分析 I/O 信号的特点。

5.1.1　I/O 信号的监控

I/O 信号的监
控与测试

信号配置完毕后，可以在系统中对信号进行监控和设置强制值的操作，
这种操作常用于机器人调试与检修。信号监控与强制的操作过程如下：

1）在 ABB 主界面中单击"控制面板"，在"控制面板"界面中单击

"I/O"，进入常用 I/O 信号选择界面，根据需要勾选需要监控的常用 I/O 信号，并单击界面右下角的"应用"，如图 5-3 所示。

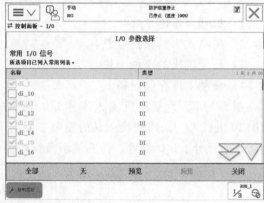

a) 常用I/O信号选项　　　　　　　　　　　　　b) 常用I/O信号选择界面

图 5-3　常用 I/O 信号配置

2）在 ABB 主界面中单击"输入输出"，信号监控界面将列出全部的常用 I/O 信号。单击界面右下角的"视图"，可以选择按照信号的各种归属类型查看信号。信号监控界面中已经列出了各信号的名称、值、类型和归属设备等关键信息，如图 5-4 所示。

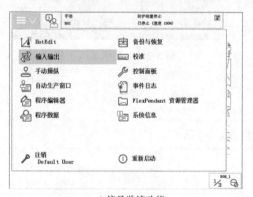

a) 信号监控功能

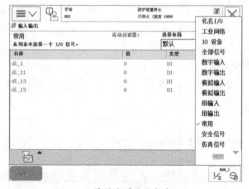

b) 信号监控界面　　　　　　　　　　　　　　c) 信号查看分类方式

图 5-4　信号监控与查看功能

5.1.2 I/O 信号的测试

选择要执行强制操作的信号，信号强制功能将被激活。单击界面下方的"0"或"1"，可以强制将信号状态置 0 或者置 1，如图 5-5 所示。

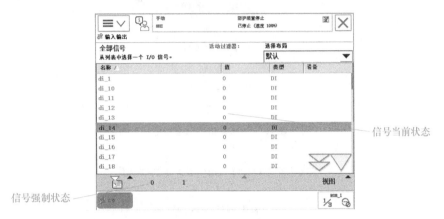

图 5-5 I/O 信号状态监控

机器人快换工具手动作信号用于控制机器人快换工具手执行开合的动作，属于数字量输出信号。当机器人快换工具在打开状态并运动到喷釉工具放置位置时，控制系统将该信号置 1 并输出给快换工具的控制电磁阀，电磁阀通电使得快换工具闭合，从而将喷釉工具夹紧安装至机器人。

任务反馈

通过学习 I/O 信号的监控，我了解了＿＿＿＿＿＿＿＿＿＿＿＿＿＿＿＿＿＿＿＿＿＿＿。

通过学习 I/O 信号的测试，我了解了＿＿＿＿＿＿＿＿＿＿＿＿＿＿＿＿＿＿＿＿＿＿＿。

在＿＿＿＿＿＿＿＿＿＿＿＿＿＿＿＿＿方面，我需要进一步巩固练习，加深学习。

任务 5.2 喷釉机器人的运动轨迹设计

任务描述

根据实际任务设计要求，进行运动轨迹分析与设计，学习信号判断、取反和脉冲等指令，分析 I/O 配置，完成喷釉任务。

喷釉机器人的工作流程如图 5-6 所示。

5.2.1 喷釉机器人的指令应用

1. 信号判断类指令

（1）数字量输入信号判断指令　程序运行至数字量输入信号判断指令时会处于等待状态，直到数字量输入信号达到判断值，程序继续向下运行。如果等待超时，超时标志位将被置位。

1）指令格式。数字量输入信号判断指令的标准格式如下：

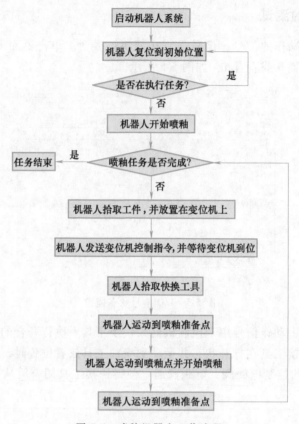

图 5-6　喷釉机器人工作流程

WaitDI <Signal>,<Value>［\MaxTime］［\TimeFlag］;

其中：WaitDI 为数字量输入信号判断指令；Signal 为数字量输入信号名称；Value 为预设的输入信号判断值；［\MaxTime］为最长等待时间，单位为 s；［\TimeFlag］为超时标志位，最长等待时间为 300s。

使用该指令时，如果只指定了［\MaxTime］一个变量，等待超时后，程序将报错并停止运行；如果同时指定了［\MaxTime］和［\TimeFlag］两个变量，等待超时后，程序将［\TimeFlag］置为 TRUE，同时继续向下运行。

2）指令示例。机器人喷釉工作站中，变位机旋转至工作位置后，接通连接于行程开关的 DI1 信号，触发机器人向工件抓取点 Ppick 运动的程序，如图 5-7 所示。

该程序中将旋转至工作位置的最长时间设为 200s。如果旋转电动机工作故障导致变位机旋转超时，flag1 将被置为 TRUE。

（2）条件等待指令　条件等待指令可用于布尔量、数字量及 I/O 信号值的判断，

图 5-7　程序示例（一）

如果等待逻辑表达式的条件满足，程序继续向下运行。

1）指令格式。条件等待指令的标准格式如下：

WaitUntil [\InPos] Cond [\MaxTime] [\TimeFlag] [\PollRate];

其中：WaitUntil 为条件等待指令；[\InPos] 表明机械单元已经到达停止点；Cond 为等待逻辑表达式；[\MaxTime] 为最长等待时间；[\TimeFlag] 为超时标志位；[\PollRate] 为逻辑表达式查询周期，单位为 s，最小查询周期为 0.04s，系统默认查询周期为 0.1s。

2）指令示例。机器人喷釉工作站中，机器人完成喷釉作业后在 Pwait 点等候，等待行程开关信号 DI1 为"1"时，再次触发机器人向工件抓取点 Ppick 运动的程序，如图 5-8 所示。

2. 取反、脉冲指令

（1）取反指令　取反指令能够直接转换数字量输出信号值。

1）指令格式。取反指令的标准格式如下：

InvertDO <Signal>;

其中：InvertDO 为取反指令；Signal 为数字量输出信号名称。

2）指令示例。旋转电动机以 1min 为周期旋转货物，其中运行 30s，停止 30s，反复循环，程序如图 5-9 所示。

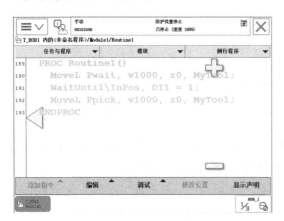

图 5-8　程序示例（二）

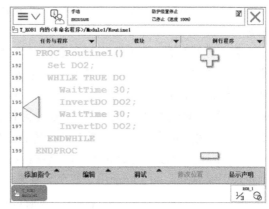

图 5-9　程序示例（三）

（2）脉冲指令　脉冲指令能够产生一个长度可控的数字脉冲输出信号。脉冲信号产生后，程序将直接向下执行，可以通过复位指令来关闭脉冲信号。

1）指令格式。脉冲指令的标准格式如下：

PulseDO [\High] [\PLength] Signal;

其中：PulseDO 为脉冲指令；[\High] 为高电平状态变量；[\PLength] 为脉冲长度，单位为 s，脉冲长度范围为 0.001~2000s，系统默认值为 0.2s；Signal 为产生脉冲的信号名称。

不使用 [\High] 高电平状态变量时，脉冲信号实际输出值为初始信号值取反；使用 [\High] 高电平状态变量，可以保证在脉冲输出阶段，信号输出值为 1。脉冲信号输出值如图 5-10 所示。

2）指令示例。信号灯（DO3）以 1s 为周期闪烁的程序，如图 5-11 所示。

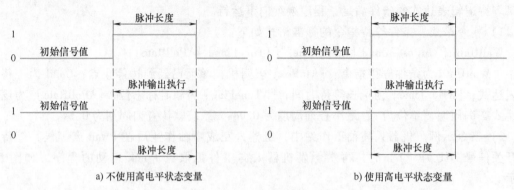

a) 不使用高电平状态变量   b) 使用高电平状态变量

图 5-10 脉冲信号输出值

5.2.2 喷釉机器人的 I/O 配置

喷釉机器人工作站系统采用 ABB 机器人标配的 DSQC 652 I/O 通信板卡，该型号的 I/O 通信板卡包含数字量的 16 个输入和 16 个输出。此 I/O 单元的相关配置需要在 DeviceNet Device 中设置。DeviceNet Device 板参数配置见表 5-1。

表 5-2 列出了喷釉工作站的 I/O 信号参数配置。在此工作站中需要配置 4 个数字输入信号：di_Start 用于控制机器人启动；di_grippered 用于检测快换工具是否抓取工具到位；

图 5-11 程序示例（四）

di_Sprayed 用于接收喷釉工具抓取到位传感器信号，检测喷釉工具是否抓取合适；di_Dismachine 用于接收变位机是否到达工作位置。还需要配置 3 个数字输出信号：do_gripper 用于控制快换工具张合，do_Spray 用于控制喷釉系统启动，do_SprayOk 用于告知喷釉已经完成。

表 5-1 DeviceNet Device 板参数配置

Name	Type of Device	Network	Address
Board10	D652	DeviceNet1	10

表 5-2 I/O 信号参数配置

Name	Type of Signal	Assigned to Device	Device Mapping
di_Start	Digital Input	Board10	0
di_grippered	Digital Input	Board10	1
di_Dismachine	Digital Input	Board10	3
di_Sprayed	Digital Input	Board10	5
do_gripper	Digital Output	Board10	0
do_Spray	Digital Output	Board10	6
do_SprayOk	Digital Output	Board10	7

5.2.3 喷釉工作站仿真运行

1. 解包仿真工作站

如图 5-12 所示，通过 RobotStudio 仿真软件解包机器人工作站。选择"共享"→"解包"，依次完成工作站的解包。图 5-13 所示为解压后的工 喷釉工作站解包作站。

图 5-12　打开软件

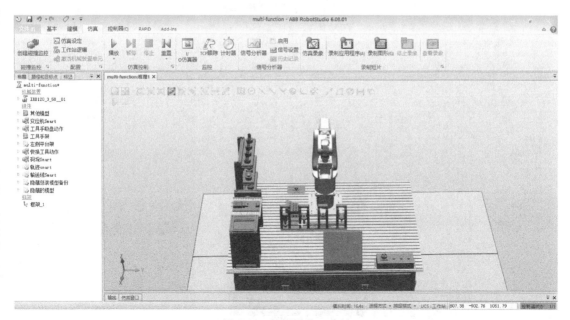

图 5-13　解压后的工作站

2. 仿真运行工作站

在图 5-13 所示的解压后工作站界面中单击"I/O 仿真器"图标，打开图 5-14 所示的 I/O 仿真器，将"选择系统"选项卡调整为"工作站信号"，如图 5-15 所示，再单击"播放"图标，如图 5-16 所示。在"工作站信号"区域选择"GN5_damowan"启动信号，如图 5-17 所示。运行完成后，单击"停止"，如图 5-18 所示。单击"重置"下拉菜单，选择"初始状态"，如图 5-19 所示。此工作站中保存了一个工作站的初始状态，此处复位至此状态。

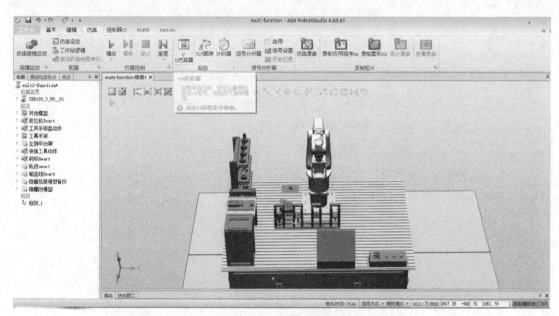

图 5-14 打开 I/O 仿真器

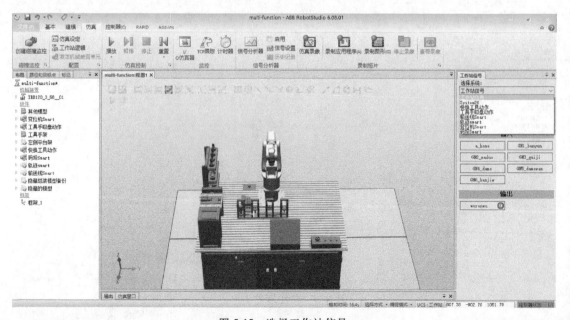

图 5-15 选择工作站信号

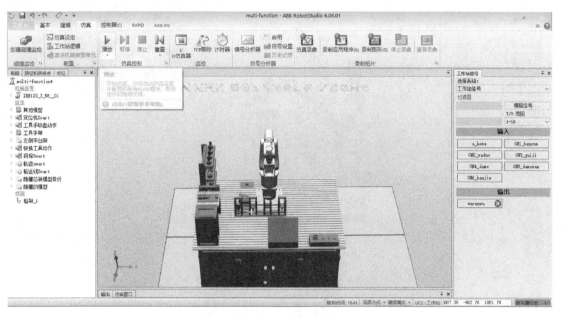

图 5-16　打开播放窗口

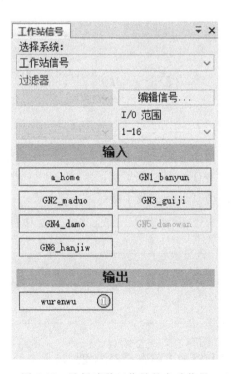

图 5-17　选择喷釉工作站的启动信号

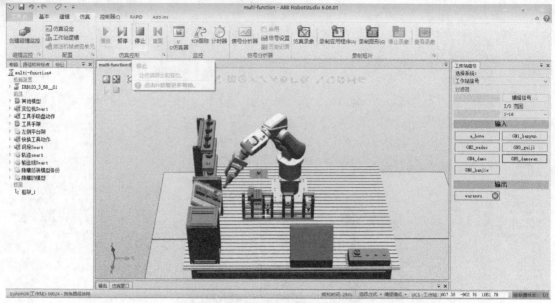

图 5-18　运行结束单击"停止"

图 5-19　运行结束复位

任务反馈

　　通过学习喷釉机器人的指令应用，我了解了_____。

　　通过学习喷釉机器人的 I/O 配置，我了解了_____。

　　通过学习喷釉工作站的仿真运行，我了解了_____。

　　在_____方面，我需要进一步巩固练习，加深学习。

任务 5.3　工业机器人系统的运行维护

任务描述

　　振动噪声、齿轮箱漏油和渗油故障在机器人使用过程中经常会出现，能够根据现场情况及时进行判断并处理，可以有效地延长机器人使用寿命。

5.3.1 振动噪声故障诊断与处理

1. 故障描述

在操作期间，马达、齿轮箱和轴承等不应发出机械噪声。轴承在损坏之前通常会发出短暂的摩擦声或者嘀嗒声。损坏的轴承会造成路径精确度不一致，并且在严重的情况下，接头会完全抱死。

该症状可能由以下原因引起：磨损的轴承，污染物进入轴承圈，轴承没有润滑。如果齿轮箱发出噪声，也可能是机器人过热。

2. 解决方案

确定发出噪声的部位。若是轴承，则应确保轴承相应的润滑；若是马达，则需待马达冷却继续观察，故障未消除则需更换马达并做零点校正；若是齿轮箱，则需更换机器人臂。

5.3.2 齿轮箱漏油/渗油故障诊断与处理

1. 故障描述

此类故障的症状为马达或齿轮箱周围的区域出现油泄漏。这种情况可能发生在底座，接近配合面，或者在分解器马达的最远端。

该症状可能由以下原因引起：齿轮箱和电动机之间的防泄漏密封损坏；齿轮箱油面过高或齿轮箱过热。

2. 解决方案

此类故障的解决方案一般为检查电动机和齿轮箱之间的所有密封和垫圈，不同的操纵器型号使用不同类型的密封。根据每个机器人的产品手册中的说明更换密封和垫圈，检查齿轮箱油面高度，若高度过低则按照油品型号添加。

齿轮箱过热可能由以下原因造成：使用的油的型号或油面高度不正确；机器人工作周期运行特定轴出现困难（可以尝试在应用程序中写入小段的"冷却周期"，即在某些连续运动的语句中适当加入等待时间，避免出现连续高速运转）；齿轮箱内有可能出现过大的压力。

任务反馈

通过学习振动噪声故障诊断与处理，我了解了_____。

通过学习齿轮箱漏油/渗油故障诊断与处理，我了解了_____。

在_____方面，我需要进一步巩固练习，加深学习。

考核评价

考核评价表

社会能力（30分）

序号	评价内容	评价要求	自评	互评	师评
1	纪律（无迟到、早退、旷课）（10分）	无违纪现象			
2	团结协作能力、沟通能力（10分）	能够进行有效合理的合作、交流			
3	喷釉机器人的应用特点（10分）	能够描述常用喷釉机器人的应用特点			

（续）

操作能力（40分）

序号	评价内容	评价要求	自评	互评	师评
1	喷釉机器人周边设备的安装调整（5分）	能够进行喷釉机器人周边设备的安装调整			
2	I/O信号的监控与测试（10分）	能够进行I/O信号的监控与测试			
3	信号判断类指令编程调试（10分）	能够使用信号判断类指令编程调试			
4	喷釉工作站编程调试（10分）	能够进行喷釉工作站编程调试			
5	机器人常见故障的诊断与处理（5分）	能够进行机器人常见故障的诊断与处理			

发展能力（30分）

序号	评价内容	评价要求	自评	互评	师评
1	通过网络查询喷釉机器人的典型应用（10分）	能够使用网络工具进行资料查找、整理和表述			
2	喷釉机器人系统编程调试分析（5分）	能够分析喷釉机器人的编程调试过程			
3	归纳常见故障诊断与处理方法（5分）	能够归纳总结故障诊断与处理方法			
4	文档整理、成果汇报（10分）	能梳理学习过程，展示汇报学习成果			
综合评价					

拓展应用

布局安装喷涂机器人工作站，如图5-20所示。完成机器人本体系统以及机械部分、电气部分等外围设备的安装布局。

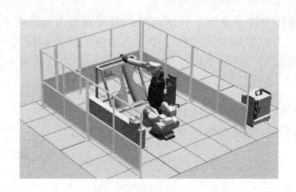

图5-20 喷涂机器人工作站

习题训练

分组实操，完成图5-20所示的喷涂机器人工作站的安装。按照安全操作规程进行布局安装，完成具体操作步骤及内容表述。进行小组自评，各组互评，老师点评，反思总结，并填写工作任务评价表。

工作任务评价表

喷涂机器人工作站的安装

序号	评价内容	评价要求	自评	互评	师评
1	工作站功能特点描述(10分)	能合理描述工作站的功能特点			
2	工作站组成部分描述(10分)	能合理描述工作站的组成部分特点			
3	机器人本体系统安装(10分)	能进行机器人本体系统安装			
4	机械部分布局安装(10分)	能进行机械部分布局安装			
5	电气部分布局安装(10分)	能进行电气部分布局安装			
6	工作台的布局安装(15分)	能进行工作台的布局安装			
7	布局安装的操作步骤(15分)	能撰写工作站布局安装的操作步骤			
8	安装注意事项归纳总结(10分)	能归纳总结工作站安装注意事项			
反思总结(10分)					
综合评价					

ROBOT

项目6 输送线机器人系统的装调与故障诊断

项目引入

随着智能化生产的发展，各大领域已实现通过 MES 系统进行整个产线上的在线监控诊断、数据采集以及设备运行情况分析评估。机器人系统已经成为智能产线的重要环节，进行机器人系统的在线监控、分析已经必不可少。本项目以输送线上的视觉码垛机器人工作站为例，结合现场设备和虚拟仿真环境来进行工作站的在线监控诊断及各设备之间现场总线的通信配置、程序解读，完成系统综合调试运行。通过对本项目的学习，学生应学会查看在线监控系统，能够进行机器人的通信配置、现场总线的通信配置、PLC 的通信配置、视觉系统的通信配置及 HMI 的通信配置等，完成系统在线调试运行。

本项目的输送线视觉码垛机器人工作站（图 6-1）由以下五个部分组成：

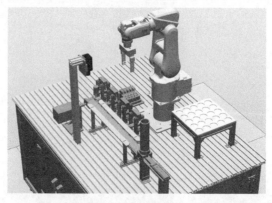

图 6-1　输送线视觉码垛机器人工作站

1）机器人本体系统。
2）机器人工具快换装置。
3）工业视觉系统。
4）智能输送系统。
5）码垛工作台。

输送线机器人
工作站任务演示

想想做做

> 人们真正的财富是劳动的本领。

项目实施

任务 6.1　工业机器人本体及周边设备的安装

任务描述
　　安装布局智能输送系统，完成机械、电气的安装调试。

6.1.1　布局安装智能输送系统

输送线机器
人本体及周边
设备的安装

　　智能输送系统包括自动输送装置、上料装置和工业视觉系统等。具体工作流程是：根据实际工作需求，当料仓有工件存储，上料装置收到信号，需要进行工件输送，则由送料气缸将工件推出至传送带初始端，传送带初始端的传感器检测到有工件在传送带上等待输送，则起动传送带，工件输送至工业视觉系统的相机正下方位置时，相机拍照，进行信息识别，工件继续传送，至传送带末端，停止，等待机器人抓取工件，完成一个工件的输送。根据实际需求，依次进行工件输送。

1. 自动输送装置

　　自动输送装置包括传送带、变频输送机。其支撑装置采用铝合金型材搭建，自动输送部分采用同步带，结构简单，美观大方，电动机对侧轴端安装旋转编码器，输送闭环控制，如图6-2所示。

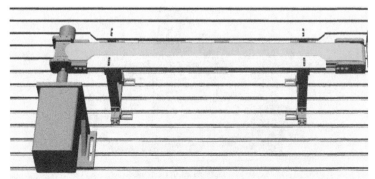

图 6-2　传送带部分

2. 上料装置

上料装置如图 6-3 所示，由送料气缸组件、筒形料库组件、传感器和圆形尼龙工件等组成，为视觉检测搬运流程供料，由 PLC 控制出库。送料气缸逐次推出有机玻璃料仓管内工件，送至自动输送装置的输送机构上。料仓下部安装对射光电传感器，用于检测有无工件。

3. 工业视觉系统

工业视觉系统安装在输送装置一侧，由工业级机器视觉系统和铝型材支架组成，如图 6-4 所示，用于检测工件颜色等信息。工业视觉系统一般包括相机、镜头、光源、控制器和处理软件等。工业视觉系统对输送装置上输送的尼龙工件

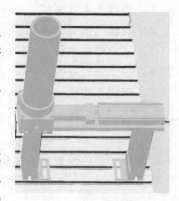

图 6-3　上料装置

进行视觉识别，并把识别的位置、颜色等特征数据传给 PLC 控制器和工业机器人，由工业机器人根据目标执行相应的夹持等动作。

图 6-5 所示为智能输送系统安装布局。

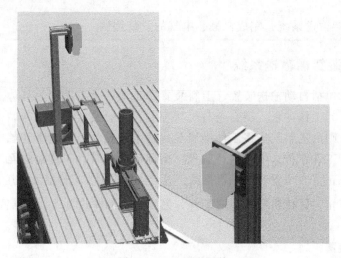

图 6-4　工业视觉系统

图 6-5　智能输送系统安装布局

6.1.2 机器人工作站变频器部分

图 6-6 所示为 XINJIE VB5N 变频器的电路连接方式。

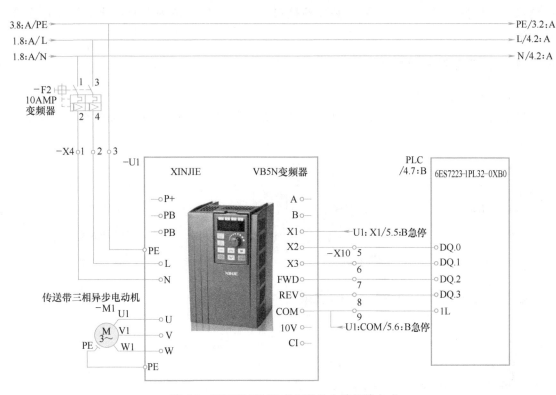

图 6-6　XINJIE VB5N 变频器的电路连接方式

任务反馈

通过学习布局安装智能输送系统，我了解了＿＿＿＿＿＿＿＿＿＿＿＿＿＿＿＿＿＿＿＿。

通过学习机器人工作站变频器部分，我了解了＿＿＿＿＿＿＿＿＿＿＿＿＿＿＿＿＿＿。

在＿＿＿＿＿＿＿＿＿＿＿＿＿＿＿＿＿＿＿＿方面，我需要进一步巩固练习，加深学习。

任务 6.2　在线诊断系统的调试运行

任务描述

借助智能视觉自动送料分拣码垛机器人工作站，PLC 通过相机采集输送线上的工件颜色信息来控制机器人完成不同颜色工件的分类码放。分析输送线上的工件颜色进行分拣，来完成工件指定放置的分类码垛。分析工作站的设备组成、现场总线应用特点、系统总线网络拓扑关系及工作站的工作流程。

信息技术的飞速发展促进了自动化领域的巨大变革，并逐步形成了网络化、全开放式的自动控制体系结构，而现场总线技术正是这场变革中最核心的技术。现场总线控制系统代表

着工业控制网络集散的发展方向。

MES 系统旨在加强 MRP（物料需求计划）的执行功能，把 MRP 通过执行系统同车间作业现场控制联系起来。这里的现场控制包括 PLC、数据采集器、条形码、各种计量及检测仪器、机械手等。MES 设置了必要的接口，与提供生产现场控制设施的厂商建立合作关系。

6.2.1 在线诊断系统的组成

1. 智能网络监控系统

智能网络监控系统通过现场总线对多个工作站的数据信息进行读取，如图 6-7 所示。

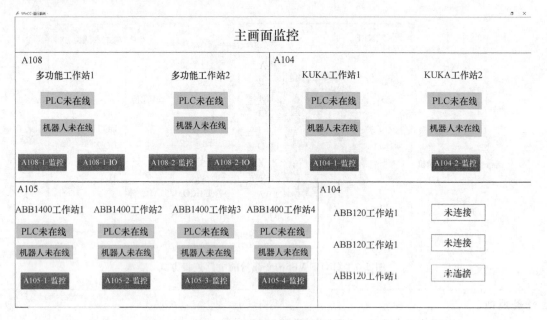

图 6-7 智能网络监控系统

2. 智能网络视频监控系统

视频监控系统又称为闭路电视监控系统，通过摄像头对工作站进行视频监控，如图 6-8 所示。

图 6-8 视频监控画面

3. 离散式控制系统

离散式控制系统通过西门子 S7-1200 系列 PLC 将各个工作站中机器人的数据整合发送到中央控制器，如图 6-9 所示。

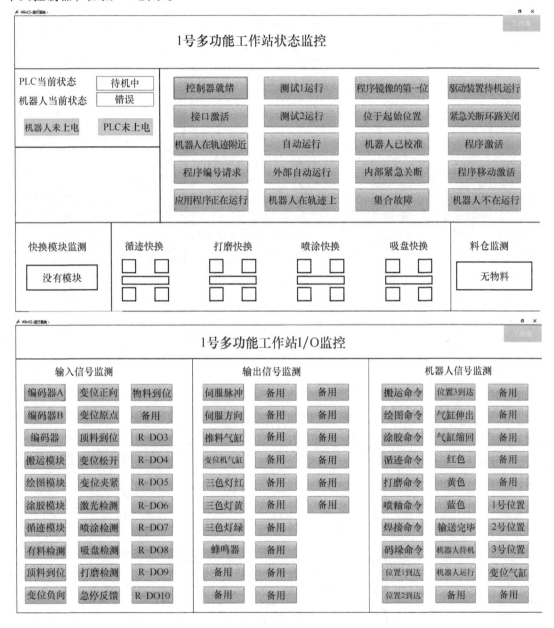

图 6-9 工作站状态监控

4. 离散式采集系统

采用离散式采集系统采集工作站的具体信息，如图 6-10 所示。

6.2.2 工作站的设备网络拓扑

智能视觉自动送料分拣码垛机器人工作站主要包含主控西门子 PLC 1200、IRB120 机器人系统、智能视觉系统、人机交互系统、物料输送线系统及分拣码垛存放设备。各部分通过现场总线 AnyBus 进行通信连接，完成具体任务的实施。设备之间的现场总线网络拓扑关系如图 6-11 所示。

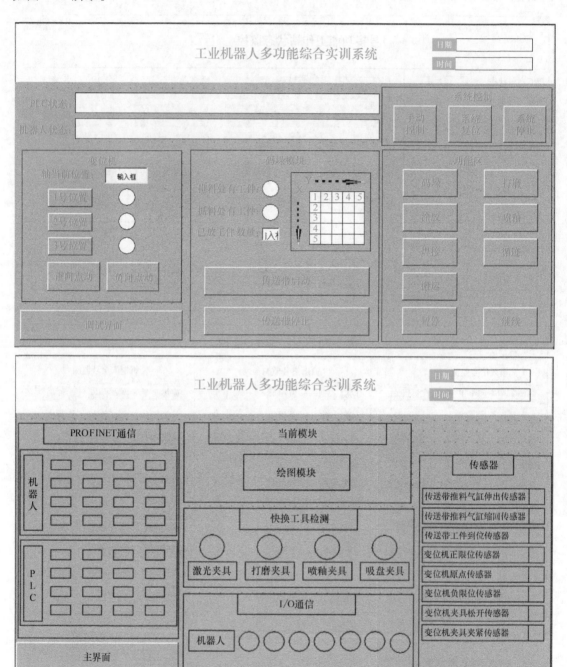

图 6-10　离散式采集系统

系统中主要功能模块的 IP 地址分配见表 6-1。

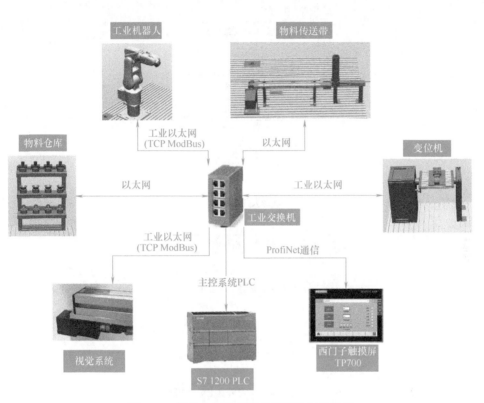

图 6-11　设备之间的现场总线网络拓扑关系

表 6-1　主要功能模块 IP 地址分配

序号	名称	IP 地址分配	备注
1	工业机器人	192.168.8.103	预设
2	视觉系统	192.168.8.3	预设
3	HMI 触摸屏	192.168.8.111	预设
4	主控系统 PLC	192.168.8.11	预设
5	编程计算机 1	192.168.8.21	预设

6.2.3　工作站的工作流程分析

智能视觉自动送料分拣码垛机器人工作站的工作流程如图 6-12 所示。

任务反馈

通过学习在线诊断系统的组成，我了解了 _____。

通过学习工作站的设备网络拓扑，我了解了 _____。

通过学习工作站的工作流程分析，我了解了 _____。

在 _____ 方面，我需要进一步巩固练习，加深学习。

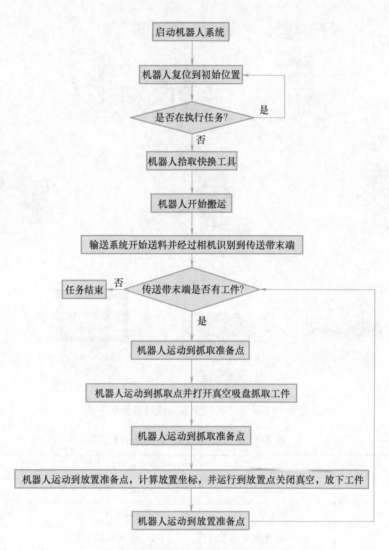

图 6-12　智能视觉自动送料分拣码垛
机器人工作站的工作流程

任务 6.3　现场总线的通信配置

任务描述

分析智能视觉自动送料分拣码垛机器人工作站的总线拓扑形式，根据工作站设备的总线通信形式进行现场总线的通信设置。

在本项目中，现场总线的网络拓扑系统中的 PLC 采用了 ProfiNet 总线通信形式，而 ABB 机器人使用的是 DeviceNet。为了使两者能够连接起来，系统使用了 AnyBus 的通信模块作为两种总线的转换器。AnyBus 型号选择如图 6-13 所示。

6.3.1 现场总线通信技术及配置

1. 现场总线技术

现场总线技术是指将现场设备（如数字传感器、变频器、仪表和执行机构等）与工业过程控制单元、现场操作站等互联成计算机网络，它具有全数字化、分散、开放、双向传输和多分支的特点，是工业控制网络向现场级发展的产物。现场总线技术把各个分散测量控制设备变成网络节点，以现场总线为纽带，把它们连接成可以互相沟通信息、共同完成自控任务的网络系统和控制系统。基于现场总线的控制系统被称为现场总线控制系统（Fieldbus Control System，FCS）。

（1）现场总线的特点 现场总线控制系统既是一个开放的通信网络，又是一种全分散的控制系统，它把作为网络节点的智能设备连接成自动化网络系统，实现基础控制、补偿计算、参数修改、报警、显示、监控和优化的综合自动化功能，它是以自动控制、计算机、数字通信、网络为主要内容的综合技术。

图 6-13 AnyBus 型号选择

具体地说，现场总线控制系统在技术上具有以下特点：

1）系统具有互操作性与互替换性。

2）系统具有功能自治性。

3）系统具有分散性。

4）系统具有对环境的适应性。

（2）现场总线的类型 1999 年年底通过的 IEC 61158 现场总线标准容纳了 8 种互不兼容的总线协议。后来经过不断讨论和协商，在 2003 年 4 月，IEC 61158 现场总线标准第 3 版正式成为国际标准，确定了 10 种不同类型的现场总线为 IEC 61158 现场总线，见表 6-2。

表 6-2 IEC 61158 的现场总线

类型编号	名称	发起的公司
Type1	TS61158 现场总线	原来的技术报告
Type2	ControlNet 和 Ethernet/IP 现场总线	美国 Rockwell 公司
Type3	Profibus 现场总线	德国 Siemens 公司
Type4	P-Net 现场总线	丹麦 Process Data 公司
Type5	FF HSE 现场总线	美国 Fisher Rosemount 公司
Type6	SwiftNet 现场总线	美国波音公司
Type7	World FIP 现场总线	法国 Alstom 公司
Type8	InterBus 现场总线	德国 Phoenix Contact 公司
Type9	FF H1 现场总线	现场总线基金会
Type10	ProfiNet 现场总线	德国 Siemens 公司

（3）AnyBus 现场总线的特点 Anybus X-gateway 用于全球成千上万的工业应用，以支持两个工业网络（现场总线或工业以太网）之间的通信。X-gateway 系列产品引入了 CC-Link

IE Field 连接。此外，若干工业以太网版本现在包含集成交换机的双端口以太网接口，无需外部交换机。

2. AnyBus 的通信配置

（1）配置通信地址

1）打开 Anybus Configuration Manager-X-gateway 配置软件，如图 6-14 所示，在"X-gateway"菜单下选中"No Network Type Selected（Upper）"。如图 6-15 所示，在右侧选择"DeviceNet Scanner/Master"，进入图 6-16 所示的"DeviceNet Scanner/Master"参数设置界面，在这个界面参数设置保持默认，不需要更改。

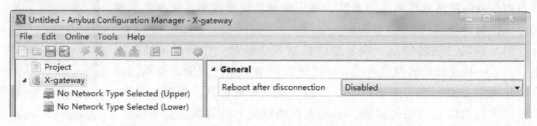

图 6-14　Anybus Configuration Manager-X-gateway 配置软件

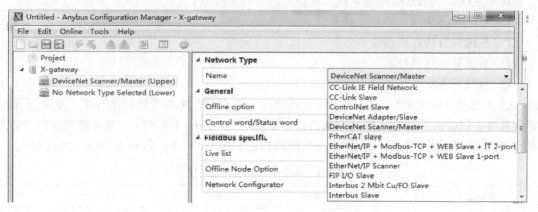

图 6-15　选择"DeviceNet Scanner/Master"

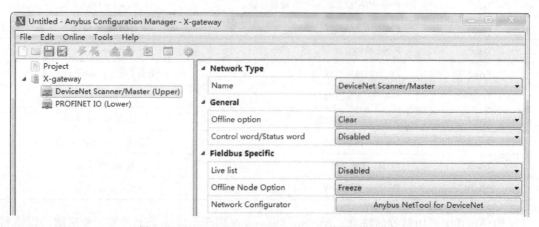

图 6-16　"DeviceNet Scanner/Master"参数设置界面

2）回到图 6-14 所示的"X-gateway"菜单界面，选中"No Network Type Selected（Lower）"，进入图 6-17 所示的界面，然后在右侧选择"PROFINET IO"。进入图 6-18 所示的参数设置界面，将 Input I/O data Size（bytes）设为 16，Output I/O data Size（bytes）设为 16，其他设置保持默认值。设置完成后单击"IPconfig"按钮。

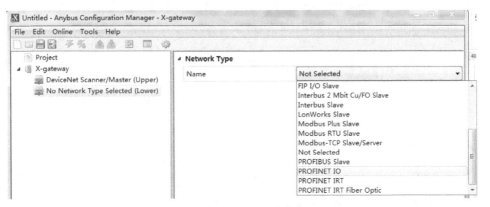

图 6-17 选择"PROFINET IO"

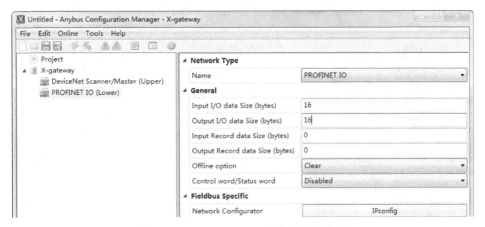

图 6-18 "PROFINET IO"参数设置界面

3）在图 6-19 所示的设备界面中双击出现的设备或选中后单击"Settings"，进入图 6-20 所示的 IP 地址设置界面。设置 IP 地址，地址设置参数见表 6-3。设置完成后单击"Set"按钮返回"IPconfig"界面，单击"Exit"退出"IPconfig"界面。最后在"File"菜单下选中"Save as"，保存到计算机备用。

图 6-19 设备界面

（2）下载配置

1）使用设备配套的 USB 下载线连接计算机与模块，单击"Connect"按钮连接设备，如图 6-21 所示。如图 6-22 所示，单击"Download Configration to Device"，下载程序。

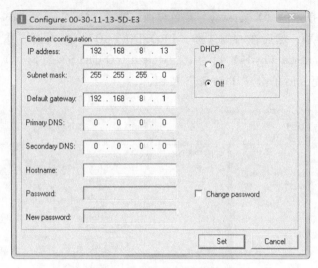

图 6-20　IP 地址设置界面

表 6-3　IP 地址设置参数

名称	地址	说明
IP address	192.168.8.13	IP 地址
Subnet mask	255.255.255.0	子网掩码
Default gateway	192.168.8.1	默认网关
其他设置保持默认值		

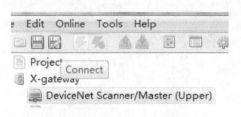

图 6-21　连接 AnyBus 与计算机

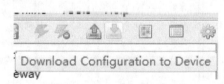

图 6-22　下载选择

2）程序下载完成后模块先重启，如图 6-23 所示。重启完成后提示结束，单击 "Close" 关闭窗口，如图 6-24 所示。

图 6-23　模块重启

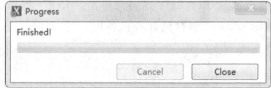

图 6-24　关闭窗口界面

（3）协议设置

1）打开 "Anybus NetTool for DeviceNet" 对话框，单击 "Configure Driver"，如图 6-25 所示，进行协议设置。在图 6-26 所示的界面中选中 "Anybus Transport Providers-Ver：1.9"，单击 "Ok" 按钮。在图 6-27 所示的界面中单击 "Create" 按钮。在图 6-28 所示的界面中选

择"Ethernet Transport Provider 2. 11. 1. 2",单击"Ok"按钮。在图 6-29 所示的界面中输入名称(默认的也可以),单击"Ok"按钮。

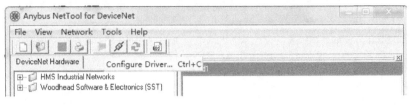

图 6-25 协议设置

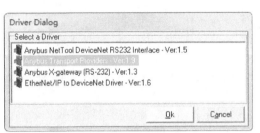

图 6-26 选中"Anybus Transport Providers-Ver: 1.9"

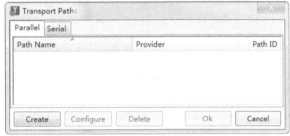

图 6-27 单击"Create"按钮

图 6-28 选择"Ethernet Transport Provider 2. 11. 1. 2"

图 6-29 输入名称

2)依次单击两次"Ok"按钮,返回上级菜单。进入图 6-30 所示的 AnyBus 设备窗口,添加设备"Anybus M DEV Rev 3.4"。找到"Anybus M DEV Rev 3.4",拖到右边窗口。如图 6-31 所示,分配地址 1,单击"Ok"按钮。

3)添加设备"Molex SST-DN4 Scanner Rev 4.2",如图 6-32 所示。再拖动"Molex SST-DN4 Scanner Rev 4.2"到右边窗口。如图 6-33 所示,分配地址 2,单击"Ok"按钮。

4)双击"Anybus-M DEV",如图 6-34 所示,把"Master state"改为"Idle"。如图 6-35 所示,选择"Scanlist"选项卡,依次选中左边栏的两项,单击"Add"按钮添加到右边栏。注意:在添加"Molex SST-DN4 Scanner"时,需要修改"Rx (bytes)"和"Tx (bytes)"长度为 16,如图 6-36 所示,其他为默认值。添加完成后,单击"Close"按钮退出。

6.3.2 配置机器人的总线系统

1. 安装 ABB 机器人的 EDS 文件

(1)添加机器人的 EDS 文件

1)在图 6-37 所示界面,使用"Tools"菜单下的"Install EDS-file"指令,添加机器人的 EDS 文件。

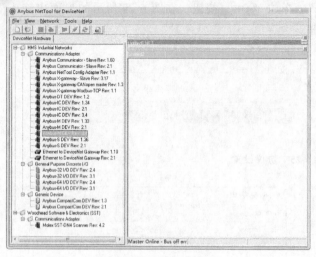

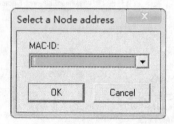

图 6-30　AnyBus 设备窗口　　　　　　　　图 6-31　"Anybus M DEV Rev 3.4" 分配地址

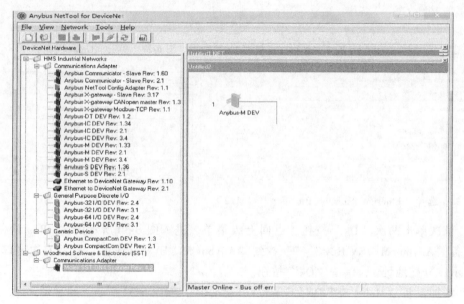

图 6-32　添加 "Molex SST-DN4 Scanner Rev 4.2"

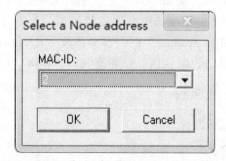

图 6-33　"Molex SST-DN4 Scanner Rev 4.2" 分配地址

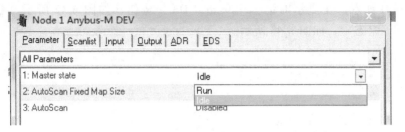

图 6-34 "Anybus-M DEV"的"Master state"改为"Idle"

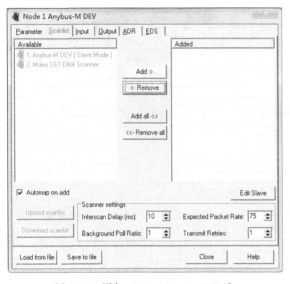

图 6-35 添加"Anybus-M DEV"和
"Molex SST-DN4 Scanner"

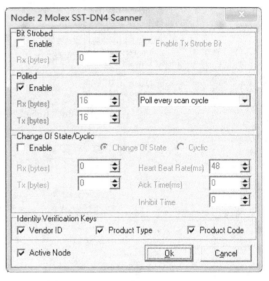

图 6-36 "Molex SST-DN4 Scanner"
参数修改

图 6-37 添加机器人 EDS 文件

2）如果安装了 RobotStudio，可以找到 EDS 文件夹，如图 6-38 所示。查找并选择
"IRC5_Slave_DSQC1006. eds"，或者从安装有 RobotStudio 的计算机复制该文件。找到文件并
选中，然后单击"打开"按钮，如图 6-39 所示。在弹出的提示对话框中选择"Yes"按钮，
进行安装，如图 6-40 所示。安装完成后，单击"Finish"按钮。

（2）下载设置

1）设置计算机 IP 地址为 192. 168. 8. ××，用网线连接计算机和模块，单击"Go Online"

按钮，如图 6-41 所示。在提示对话框中单击"OK"按钮，如图 6-42 所示。更新完成后，机器人被添加到组态中，如图 6-43 所示。

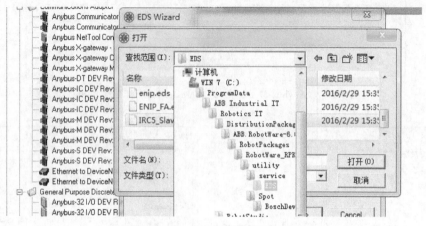

图 6-38　RobotStudio 目录下的 EDS 文件夹

图 6-39　打开"IRC5_Slave_DSQC1006.eds"

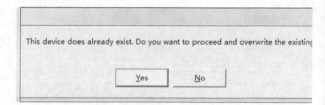

图 6-40　确认安装"IRC5_Slave_DSQC1006.eds"

图 6-41　在线通信设置

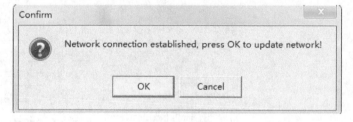

图 6-42　确认

2）如图 6-44 所示，单击菜单栏"Network"菜单下的"Download to Network"，下载组

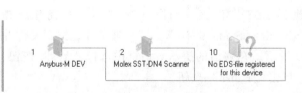

图 6-43　机器人组态添加完成

图 6-44　"Download to Network"下载组态

态。下载完成后，如图 6-45 所示，把"Master state"的状态改成"Run"模式，单击"Close"按钮完成设置。

图 6-45 修改运行模式

2. 机器人的 I/O 通信配置

机器人工作站系统采用 ABB 机器人标配的 DSQC 652 I/O 通信板卡，该型号的 I/O 通信板卡包含数字量的 16 个输入和 16 个输出。此 I/O 单元的相关配置需要在 DeviceNet Device 中设置。DeviceNet Device 板参数配置见表 6-4。

表 6-4 DeviceNet Device 板参数配置

Name	Typeof Device	Network	Address
Board10	D652	DeviceNet1	10

表 6-5 列出了机器人工作站的 I/O 信号参数配置。此工作站需要配置 4 个数字输入信号：di_Start_banyun 用于控制机器人启动；di_grippered 用于检测快换工具是否抓取工具到位；di_vacuumed 用于接收真空压力传感器信号，检测待搬运工件是否吸附；di_arrived 用于接收输送线上待搬运区域工件是否到达搬运位置。还需要配置 3 个数字输出信号：do_gripper 用于控制快换工具张合，do_vacuum 用于控制真空阀，do_SortPalletOk 用于告知分拣码垛已经完成。

表 6-5 I/O 信号参数配置

Name	Type of Signal	Assigned to Device	Device Mapping
di_Start_banyun	Digital Input	Board10	0
di_grippered	Digital Input	Board10	1
di_vacuumed	Digital Input	Board10	2
di_arrived	Digital Input	Board10	7
do_gripper	Digital Output	Board10	0
do_vacuum	Digital Output	Board10	1
do_SortPalletOk	Digital Output	Board10	10

3. 机器人与 PLC 的通信配置

为了保证机器人与 PLC 之间的通信，机器人系统在创建之初就需要对其进行通信配置。具体操作步骤如下：

1）在 ABB 主界面中单击菜单按钮，在图 6-46 所示的界面中选择"控制面板"。打开控制面板后，在图 6-47 所示的界面中单击"配置"选项，进入图 6-48 所示的 I/O 系统配置界面，选中"DeviceNet Internal Anybus Device"选项。然后单击"显示全部"，进入图 6-49 所示的界面选中"DN_Internal_Anybus"，单击"编辑"，进入图 6-50 所示的"DN_Internal_Anybus"参数设置界面。

2）在图 6-50 所示的"DN_Internal_Anybus"参数设置界面中，将 Connection Output Size（bytes）设置为 16，Connection Input Size（bytes）设置为 16，其他保持默认值，完成后单击"确定"。

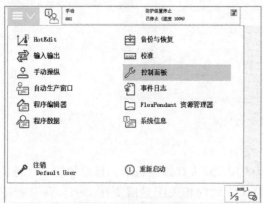

图 6-46　选择控制面板　　　　　　　　图 6-47　单击"配置"选项界面

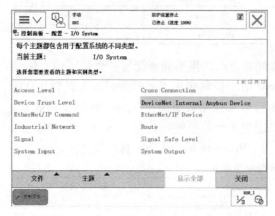

图 6-48　I/O 系统配置界面

图 6-49　选中"DN_Internal_Anybus"界面

3）再次回到图 6-51 所示的配置界面，选中"Signal"，单击"显示全部"。回到配置界面，单击"添加"，进入图 6-52 所示的添加通信变量界面，单击"添加"进入图 6-53 所示的通信变量参数设置界面，按照格式添加需要的变量及参数。完成后单击"确定"，提示重启，选择"否"。然后再次单击"添加"，直至需要的变量全部添加完成。添加的变量参数含义见表 6-6。

图 6-50 "DN_Internal_Anybus" 参数设置界面 | 图 6-51 配置界面中选中 "Signal"

图 6-52 添加通信变量界面 | 图 6-53 通信变量参数设置界面

表 6-6 变量参数含义

序号	名称	含义	说　明
1	Name	变量名称	自定义,尽量便于理解记忆,编程时调用
2	Type of Signal	信号类型	有 6 种类型:数字输入输出(位);模拟输入输出(字);组输入输出(字)
3	Assigned to Device	赋值到设备	赋值映射关系设置,本机控制的选择 D652_10,通过 DeviceNet 与 PLC 交互的选择 "DN_Internal_Device"
4	Device Mapping	设备地址	端口映射设置,如果是位就设定数值,是字就设置××_××,依次间隔 16 位

6.3.3　上位机的通信配置

首先,打开博途软件,安装设备的 GSD 文件。单击菜单中的"选项"下拉列表,选择 "管理通用站描述文件 (GSD)(D)",找到压缩包 ABX_LCM_PROFINET IO_44139 中 GS-DML-V2.3-HMS-ANYBUS_X_GATEWAY_PROFINET_IO-20161110.xml 文件的存储位置,添加 Anybus 硬件组态到 PLC 中,如图 6-54 所示。

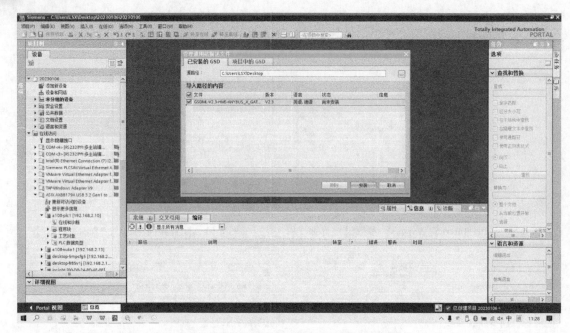

图 6-54　添加 Anybus 硬件组态到 PLC 中

　　然后，选中模块，单击设备视图，如图 6-55 所示，单击"常规"选项卡，右侧的"名称"栏修改为"Anybus"。

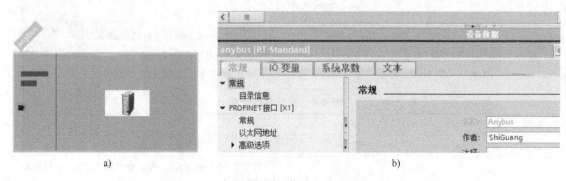

图 6-55　单击设备视图修改名称为"Anybus"

　　如图 6-56 所示，在"硬件目录"栏的"模块"项目树中选择"Input/Output modules"→"Input/Output 016bytes"项，双击添加。如图 6-57 所示，通信地址可以在设备概览中查看和修改，通常使用默认值即可。根据实际需要使用通信地址，建议建立通信变量表以便于管理。

6.3.4　HMI 人机交互设置与调试

1. HMI 人机交互界面组态

1）双击项目树中的"添加新设备"，如图 6-58 所示。

2）单击"HMI"，如图 6-59 所示，依次展开"SIMATIC 精智面板"→"7″显示屏"→"TP700 Comfort"，选择"6AV2 124-0GC01-0AX0"，将版本设置为 15.0.0.0，单击"确定"。

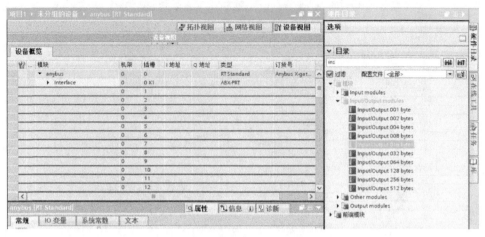

图 6-56　添加"Input/Output 016bytes"

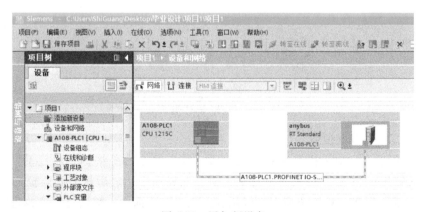

图 6-57　通信地址查看

图 6-58　添加新设备

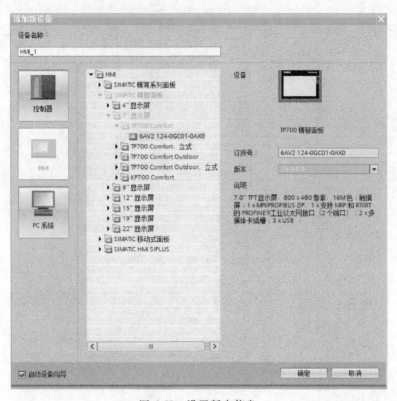

图 6-59　设置版本信息

3）双击项目树中的"设备和网络"，将 HMI 与 PLC 相连，如图 6-60 所示。

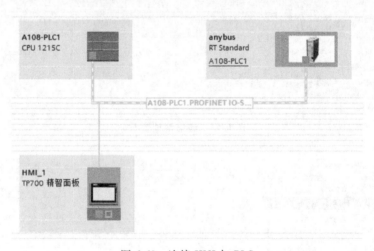

图 6-60　连接 HMI 与 PLC

2. HMI 人机交互界面设置

如图 6-61 所示，完成人机交互界面的设置。首先根据需要将 Start（启动）按钮、Stop（停止）按钮和 Reset（复位）按钮绑定到人机交互界面中；之后将需要监控的变量，如相机数据、传送带速度和工具手类型等，绑定到人机交互界面中；最后将任务执行状态指示灯做到人机交互界面上。

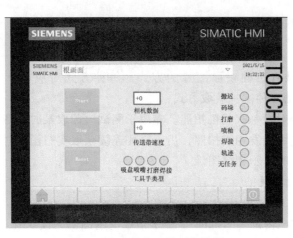

图 6-61　人机交互界面的设置

3. HMI 调试运行

工作站系统自动运行时，需要通过 HMI 进行运行模式的选择和运行状态的监控，运行流程如图 6-62 所示。图 6-63 所示为 HMI 监控工作站运行过程。

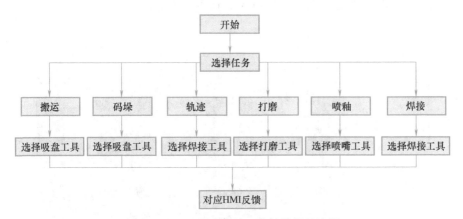

图 6-62　HMI 界面设计工作站的运行流程

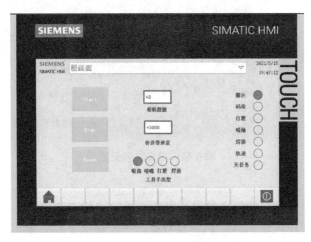

图 6-63　HMI 监控工作站运行过程

6.3.5 相机系统调试运行

1. 相机拍照模式

在界面中，相机共有三种获取图片的方式，每种方式对应的使用环境不同，以下是 In-Sight Explorer 软件的三种图片获取方式：

1）触发器：单击触发一次相机拍照，多用于测试时截取某时刻图片以获得信息。

2）重复触发：连续触发相机拍照，用于需要连续获取实时图像时。

3）实况视频：实时显示相机图像。

2. 相机连接及初始设置

1）打开相机软件 In-Sight Explorer 6.1.0。

2）双击左侧名称栏内的"insight"。为了拾取清晰图像，读取其坐标、颜色等信息，需要对相机亮度、曝光模式和对比度参数进行设置，待调整至合适值，相机可以非常稳定地识别零件信息。

3）单击"设置图像"，设置为自动曝光，关闭光源控制模式，将目标图像亮度调整至合适值，如图 6-64 所示。

4）关闭实况视频，单击"白平衡"标签，设置白平衡。

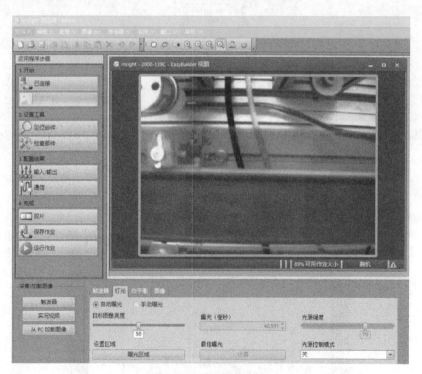

图 6-64　设置图像亮度

3. 颜色读取

1）将摆有各种颜色零件的托盘放在相机下，单击"检查部件颜色像素计数"。

2）将识别范围（粉色矩形框）调整至合适大小，确定零件可能出现的任何位置都在全选目标范围内，单击"确定"，如图 6-65 所示。

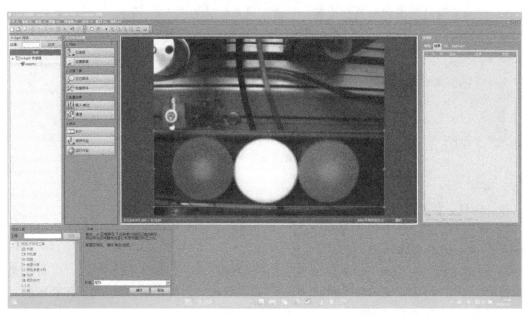

图 6-65　设置识别范围

3）单击"训练颜色"后，单击选择要添加的颜色，在屏幕内单击要识别的颜色至全部被识别（变黄），单击"完成颜色选择"，如图 6-66 所示。

a) 单击"训练颜色"

b) 单击选择要添加的颜色

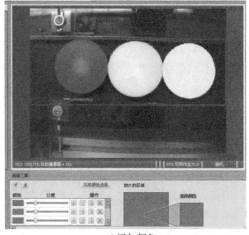

c) 添加颜色

图 6-66　训练颜色

Industrial Robot

4）将像素通过范围调整至合适值，更改工具名称，如图 6-67 所示。

图 6-67　调整像素通过范围并更改工具名称

4. 保存

通过保存、作业配置可以在每次重启相机和软件时打开设定的项目。

1）单击上方选项栏中的"保存作业"并将相机工程文件保存至"In-Sight 传感器"的"insight"内，如图 6-68 所示。

2）单击左侧"应用程序步骤"选项栏中的"保存作业"后，在下方的"启动"选项中单击"..."，勾选"在启动时加载作业""以在线模式启动传感器"。找到保存的项目并单击"确定"，如图 6-69 所示。

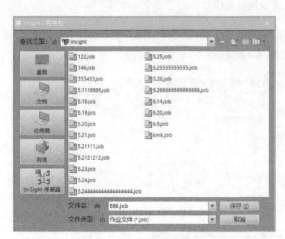

图 6-68　保存作业

图 6-69　设置启动选项

5. 相机与 PLC 通信连接及数据传输

在所需信息全部设置完毕后，需要配置通信进行 PLC 与相机的信息交互。

1）单击左侧"应用程序步骤"选项栏中"通信"选项中的"添加设备"，设备选择 PLC/Motion 控制器，制造商选择 Siemens，通信协议选择 PROFINET，单击"确定"按钮，如图 6-70 所示。

2）在格式化输出中单击"添加"，选择需要传输给 PLC 的信息后单击"确定"按钮，如图 6-71 所示。

3）单击"联机"后，单击"确定"按钮，此时，相机内需要配置的参数已全部完成，如图 6-72 所示。

6. 在上位机中配置 PLC 与相机连接

1）在组态中加入相机，将其连接至 PLC 后配置其 IP 地址，如图 6-73 所示。

图 6-70 设备设置

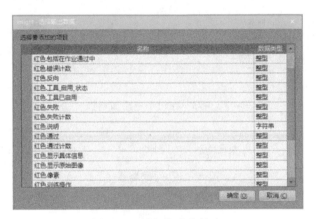

图 6-71 添加格式化输出

图 6-72 打开联机模式

2）建立与相机格式化输出相对应的 PLC 变量，数据类型要一致，起始地址为相机结果输入地址往后四个字节（假定相机结果输入地址为 100，往后四个字节即为 104），如图 6-74 所示。

7. 建立相机脚本储存相机读取数据

1）在任意数据块内分别建立相机拍照触发变量以及零件颜色储存数组。

2）新建 SCL 函数块，如图 6-75 所示。

3）编写零件颜色储存程序。建立 int 型变量 a，以在每次拍照时记录相机拍照次数。在流水线相机拍照位传感器有信号时，将"触发拍照"变量置1。IF 语句条件满足，则拍照次数+1。判断颜色为红色、黄色、蓝色，分别将数组的第 a 位，也就是拍照次数位的变量置为 1、2、3。

随时读取"TAG_12"（红色）、"TAG_13"（黄色）、"TAG_14"（蓝色）状态而不是控制相机拍照是因为在相机不设置拍照模式的情况下默认为连续拍照，即随时可以读取相机下目标颜色的通过情况，如图 6-76 所示。

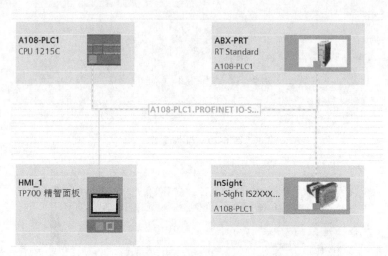

图 6-73　在组态中添加相机

名称	数据类型	地址	保持	可从 ...	从 H...	在 H...	注释
相机系统参数	DWord	%ID100	☐	☑	☑	☑	
hong	Word	%IW104	☐	☑	☑	☑	
huang	Word	%IW106	☐	☑	☑	☑	
lan	Word	%IW108	☐	☑	☑	☑	

图 6-74　建立变量

图 6-75　建立 SCL 函数块

```
 1 ⊟IF "G".相机.触发拍照 =1 THEN
 2      #a := #a + 1;
 3 ⊟    IF "Tag_12"=1 THEN
 4          "G".颜色储存数组[#a] := 1;
 5      ELSIF "Tag_13" =1 THEN
 6          "G".颜色储存数组[#a] := 2;
 7      ELSIF "Tag_14" =1 THEN
 8          "G".颜色储存数组[#a] := 3;
 9      END_IF;
10      "G".相机.触发拍照 := 0;
11  END_IF;
12
```

图 6-76　零件颜色存储程序

任务反馈

通过学习现场总线通信技术及配置，我了解了_____。

通过学习 HMI 人机交互设置与调试，我了解了_____。

通过学习相机系统调试运行，我了解了_____。

在_____方面，我需要进一步巩固练习，加深学习。

任务 6.4　工作站系统的调试运行

Industrial Robot

输送线机器人
工作站调试
运行

任务描述

针对图 6-77 所示的典型应用机器人工作站，根据工作混线生产的实际任务设计要求，完成机器人识别分拣码垛功能的综合调试。

图 6-77　多功能典型应用机器人工作站

6.4.1　解包仿真工作站

如图 6-78 所示，通过 RobotStudio 仿真软件解包机器人工作站。选择"共享"→"解包"，依次完成工作站的解包。图 6-79 所示为解压后的工作站。

图 6-78　打开软件

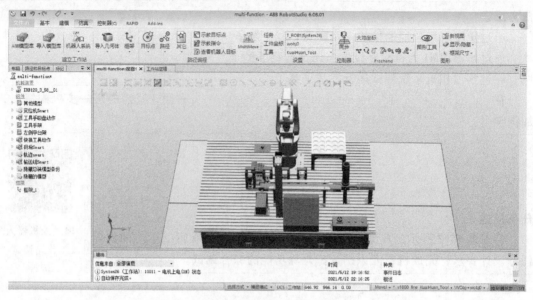

图 6-79　解压后工作站

6.4.2　仿真运行工作站

在图 6-79 所示的界面中单击"仿真",进入图 6-80 所示的仿真界面,单击"I/O 仿真器"图标,打开 I/O 仿真器,将"选择系统"选项卡调整为"工作站信号",如图 6-81 所示。再单击"播放"图标,如图 6-82 所示。在"工作站信号"区域,通过选择工作站的不同工作内容来选择启动信号,例如选择"GN1 banyun"启动信号,如图 6-83 所示,机器人完成识别分拣码垛。运行完成后,单击"停止",如图 6-84 所示。单击"重置"下拉菜单,选择"初始状态",如图 6-85 所示。此工作站中保存了一个工作站初始状态,此处复位至此状态。

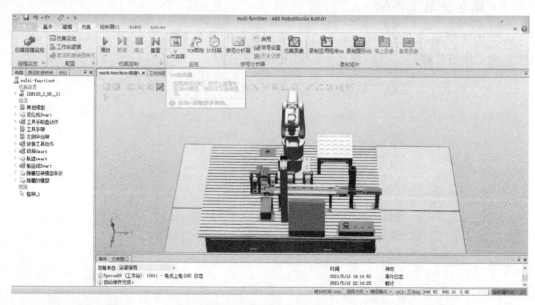

图 6-80　打开 I/O 仿真器

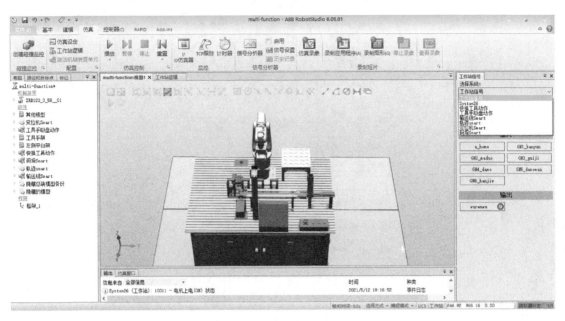

图 6-81 选择工作站信号

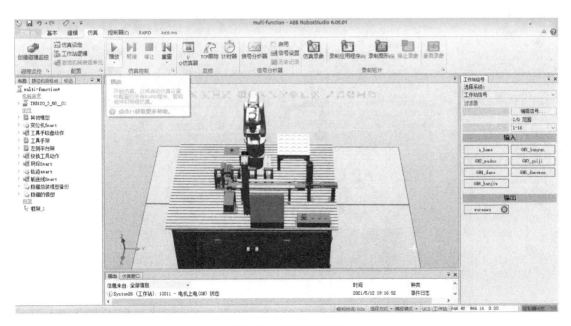

图 6-82 打开播放窗口

图 6-83 选择搬运工作站的启动信号

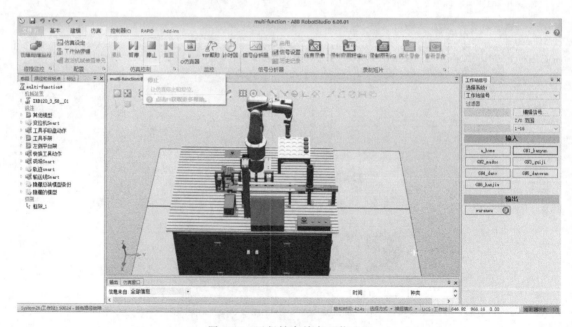

图 6-84 运行结束单击"停止"

图6-85 运行结束复位

任务反馈

通过学习解包仿真工作站，我了解了＿＿＿＿＿＿＿＿＿＿＿＿＿＿＿＿＿＿＿＿＿＿＿＿＿。

通过学习仿真运行工作站，我了解了＿＿＿＿＿＿＿＿＿＿＿＿＿＿＿＿＿＿＿＿＿＿＿＿＿。

在＿＿＿＿＿＿＿＿＿＿＿＿＿＿＿＿＿＿＿＿＿＿＿＿方面，我需要进一步巩固练习，加深学习。

任务 6.5 工业机器人系统的运行维护

任务描述

进行机器人本体维护，更换齿轮箱上的电机轴是机器人本体周期维护的项目。

6.5.1 机器人本体维护注意事项

在机器人系统上作业时，带电部件和机器人意外运动可能会导致人员受伤及设备损坏。如果在可运行的设备上作业，则将控制柜上的主开关置于"关闭"位置，并用挂锁锁住，以防擅自重新接通。在设备重新运行前应提醒相关人员。

如果要在机器人停止运行后立即更换电机，则必须考虑电机表面温度可能会导致烫伤。应戴防护手套。

拆卸和安装机器人时，有被挤伤手的危险。应戴防护手套。

6.5.2 更换齿轮箱上的电机

更换齿轮箱上电机的操作步骤如下：

1）关闭机器人的所有电力、液压和气压供给，卸下手腕两侧的手腕侧盖。

2）拧松固定夹具的连接螺钉。

3）卸下连接器支座。

4）切掉电缆带。

5）断开电机的连接器，拧松固定电机的止动螺钉，从带轮上取下同步带。

6）检查所有装配面、电机是否均清洁无损坏，将电机放入腕壳。

7）重新连接各连接器，安装带轮上的同步带。

8）拧紧固定电机的连接螺钉和垫圈。

9）将电机移到同步带张力合适的位置，固定电机，安装连接器支座。

10）重新安装夹具，用电缆带固定电缆，安装手腕侧盖。

任务反馈

通过学习机器人本体维护注意事项，我了解了 _____。

通过学习更换齿轮箱上的电机，我了解了 _____。

在 _____方面，我需要进一步巩固练习，加深学习。

考核评价

考核评价表

社会能力（30分）

序号	评价内容	评价要求	自评	互评	师评
1	纪律（无迟到、早退、旷课）（10分）	无违纪现象			
2	团结协作能力、沟通能力（10分）	能够进行有效合理的合作、交流			
3	输送线机器人的应用特点（10分）	能够描述输送线机器人的应用特点			

操作能力（40分）

序号	评价内容	评价要求	自评	互评	师评
1	机器人的通信配置（10分）	能够进行机器人的通信配置			
2	现场总线的特点（5分）	能够描述现场总线的特点			
3	PLC 的编程调试（10分）	能够进行 PLC 与机器人的通信调试			
4	视觉系统的安装调试（10分）	能够进行视觉系统与机器人的编程调试			
5	HMI 的编程调试（5分）	能够进行 HMI 的编程调试			

发展能力（30分）

序号	评价内容	评价要求	自评	互评	师评
1	通过网络查找机器人现场总线的通信方式（5分）	能够使用网络工具进行资料查找、整理、表述			
2	机器人与 PLC 之间的编程调试分析（10分）	能进行机器人与 PLC 之间的编程调试分析			
3	机器人与视觉系统的编程调试分析（10分）	能进行机器人与视觉系统的编程调试分析			
4	文档整理、成果汇报（5分）	能梳理学习过程，展示汇报学习成果			
	综合评价				

拓展应用

图 6-86 所示为智能仓储系统机器人工作站，分析工作站的设备组成、各部分之间的关系、设备运行情况，进行通信设置、程序分析，完成工作站的调试运行。

图 6-86　智能仓储系统机器人工作站

习题训练

完成图 6-86 所示智能仓储系统机器人工作站的物料搬运任务，并进行验证。进行小组自评，各组互评，老师点评，反思总结，并填写工作任务评价表。

工作任务评价表

序号	评价内容	评价要求	自评	互评	师评
智能仓储系统机器人工作站的安装					
1	工作站功能特点描述(10分)	能合理描述工作站的功能特点			
2	工作站组成部分描述(10分)	能合理描述工作站的组成部分特点			
3	机器人本体系统安装(10分)	能进行机器人本体系统的安装			
4	机械部分布局安装(10分)	能进行机械部分的布局安装			
5	电气部分布局安装(15分)	能进行电气部分的布局安装			
6	工作台的布局安装(10分)	能进行工作台的布局安装			
7	布局安装的操作步骤(15分)	能撰写工作站布局安装的操作步骤			
8	安装注意事项归纳总结(10分)	能归纳总结工作站安装注意事项			
反思总结(10分)					
综合评价					

参 考 文 献

[1]　龚仲华. 工业机器人从入门到应用 [M]. 北京：机械工业出版社，2016.

[2]　吕世霞，周宇，沈玲，等. 工业机器人现场操作与编程 [M]. 2版. 武汉：华中科技大学出版社，2021.

[3]　叶晖. 工业机器人工程应用虚拟仿真教程 [M]. 2版. 北京：机械工业出版社，2021.

[4]　邓三鹏，许怡赦，吕世霞. 工业机器人技术应用 [M]. 北京：机械工业出版社，2020.

[5]　王京，吕世霞. 工业机器人技术基础 [M]. 武汉：华中科技大学出版社，2018.

[6]　彭赛金，张红卫，林燕文. 工业机器人工作站系统集成设计 [M]. 北京：人民邮电大学出版社，2018.

[7]　谭志彬. 工业机器人操作与运维教程 [M]. 北京：电子工业出版社，2019.

[8]　北京新奥时代科技有限责任公司. 工业机器人操作与运维实训：中级 [M]. 北京：电子工业出版社，2019.

[9]　叶晖，管小清. 工业机器人实操与应用技巧 [M]. 北京：机械工业出版社，2010.

[10]　胡伟，陈彬，刘本林，等. 工业机器人行业应用实训教程 [M]. 北京：机械工业出版社，2015.

[11]　叶晖. 工业机器人故障诊断与预防维护实战教程 [M]. 北京：机械工业出版社，2018.

[12]　叶晖. 工业机器人实操与应用技巧 [M]. 2版. 北京：机械工业出版社，2017.

[13]　郭洪红. 工业机器人技术 [M]. 4版. 西安：西安电子科技大学出版社，2021.

[14]　陈渌漪，陈彬. 工业机器人技术应用 [M]. 北京：机械工业出版社，2017.

[15]　叶晖. 工业机器人典型应用案例精析 [M]. 北京：机械工业出版社，2013.

[16]　梁涛，杨彬，岳大力. Profibus现场总线控制系统的设计与开发 [M]. 2版. 北京：国防工业出版社，2013.

[17]　向晓汉. 西门子PLC工业通信完全精通教程 [M]. 北京：化学工业出版社，2013.